Transcendental Hard Problems in Mathematics

# 数学
# 超・超絶
# 難問

小野田 博一 Hirokazu Onoda

日本実業出版社

# まえがき

　昔の人が成し遂げた快挙を，知識として知っていると，再発見する喜びが得られません——が，知らない人は，再発見して，それを生涯密かに誇りに思っていられますね。
　その「再発見」の機会を与えるのが本書の主な役割です。

　本書は，「どの問題も，たとえ何日かかっても考えぬいて解きたい」と読者が思う数学パズルの本を目指して作った問題集です——パズルとして長時間楽しめる数学難問の本です。

　メインの読者対象として想定しているのは，「数学パズルファンとして1歩足を踏み出したばかりの高校生，およびその頃の心のままの大人」です。

　本書で数学をパズルとして何日も，何か月も楽しんでいただけたら幸いです。

2017年7月　　　　　　　　　　　　　　　　　　小野田　博一

[ 追記を何点か ]

　なお，解説はわかりやすさを優先させるために厳密さを犠牲にしている場合があります（つまり，厳密性は高校数学と同程度ということです）。その点をご承知おきください。

　本書中には「基本レベルの難問」というような一見矛盾しているような表現があるので，それについて説明しておきます（ほとんどの "数学マニアの卵" には説明不要でしょうが）。
　30 分以内で解けない問題を大学入試で出題するのは不適切なので，大学入試の難問は，（不適切な問題が出題されたのでないかぎり）30 分以内で解ける簡単な問題です。このレベルの問題──つまり，大学入試で出題しても不適切ではないレベルの難問──を「基本レベルの難問」と本書では呼んでいます。

　本書中では 2 項係数の表記を 2 通り使っています。それは，文章中にある場合は $_nC_k$ のタイプの表記のほうがわかりやすく，計算を行なう際には $\binom{n}{k}$ のタイプの表記のほうがわかりやすいと思えるからです。

★のこと
　出題文を終えた後に励まし等のちょっとしたコメントを置く場合に，その文章の頭に★を使っています。
　また，解説を終えた後，わざわざ「追記」と書くほどでもないような，ちょっとした追記にも★を使っています。

---

　本書は『数学＜超絶＞難問』の続編です。それで当然ながら，本書の読者の大半は前書を既に読んでいるものと想定していて，前書で書いた内容を繰り返すことは避けています。本書には『数学＜超絶＞難問』の問題番号に言及している箇所がときどきありますが，それは，「同じ本の中の若い問題番号に言及する」ことと同じ感覚で行なっています。宣伝目的で言及を行なっているのではないことを，ここで念のために述べておきます。

『数学〈超・超絶〉難問』
ーもくじー

まえがき

# 第1部　数

- **Q 1**　『ピュタゴラス３角形』直角をはさむ２辺の長さの差が１（その１：いきなり超絶難問）……… 11
- **Q 2**　『ピュタゴラス３角形』直角をはさむ２辺の長さの差が１（その２：一般解問題）……… 13
- **Q 3**　『玉も箱も区別しない分配』……… 17
- **Q 4**　『ジグザグ順列』……… 21
- **Q 5**　『円卓の狐』（基本レベルの難問）……… 23
- **Q 6**　『２項係数』……… 25
- **Q 7**　『部分和に関するわけのわからない難問？』……… 29
- **Q 8**　『某論文の著者が簡略化できなかった式』……… 31
- **Q 9**　『係数つきの和の問題』……… 33
- **Q10**　『カタラン数』（一般解問題）……… 35
- **Q11**　『母関数を使ってカタラン数を』……… 37
- **Q12**　『リュカ数』（その１）……… 39
- **Q13**　『リュカ数』（その２）……… 41

**Q14** 『リュカ数とフィボナッチ数を母関数で』……… 45

**Q15** 『ドミノ並べ』（その１）……… 47

**Q16** 『ドミノ並べ』（その２）……… 47

**Q17** 『$2 \times 2 \times n$ の直方体』（その１）……… 51

**Q18** 『$2 \times 2 \times n$ の直方体』（その２）……… 51

**Q19** 『$n$ の分割』（その１：漸化式）……… 55

**Q20** 『$n$ の分割』（その２：一般解）……… 55

**Q21** 『第１種スターリング数』……… 59

**Q22** 『第２種スターリング数』……… 61

**Q23 と 24** 『調和数』……… 65

 **Q23**（その１：第１種スターリング数との不思議な関係）

   ……… 65

 **Q24**（その２：調和数の母関数）……… 65

**Q25 と 26** 『調和数』（その続き）……… 67

 **Q25**（その３：調和数の和）……… 67

 **Q26**（その４：調和数関連の和）……… 67

**Q27** 『オイラーの調和数の恒等式』……… 69

 ▶ **コラム** 『母関数』……… 16

 ▶ **コラム** 『２項定理による無限級数展開』

   （ニュートン）……… 28

 ▶ **コラム** 『スターリング数と階乗べき』……… 64

 ・おまけの問題・1　等面４面体（基本レベルの難問）……… 50

# 第2部 確率，期待値

- **Q28** 『無限に儲かるゲーム？』（母関数を使って遊ぶ）……… 73
- **Q29** 『$n$ 枚と $(n+1)$ 枚のコイン』……… 77
- **Q30** 『3種のカードをそろえる』（一般解問題）……… 81
- **Q31** 『釣らなければならない魚の数』（一般解問題）……… 83
- **Q32** 『カードの最小値が得点』（有名問題）……… 87
- **Q33** 『「紅＋紅」のペア』（その1：基本レベルの難問）……… 89
- **Q34と35** 『「紅＋紅」のペア』（その2：一般解問題）……… 91
- **Q36** 『ニジマス釣り』（一般解問題）……… 93
- **Q37** 『当たりをすべて取り出す』（一般解問題）……… 95
- **Q38** 『$m$ 枚のカードから $n$ 枚取り出す』（一般解問題）……… 97
- **Q39** 『ランダム着席・2人用テーブル』（一般解問題）……… 99
- **Q40** 『ランダム着席・3人用テーブル』（一般解問題）……… 99
- **Q41** 『ベイズ推定・限定空間版』（その1）……… 101
- **Q42** 『ベイズ推定・限定空間版』（その2）……… 105
- **Q43** 『鳥の園』（ベイズ推定・その3）……… 109
- **Q44** 『不思議な双六』……… 113
- **Q45** 『コイントスの賭け』……… 115
- **Q46** 『4個のサイコロがすべてなくなるまで』……… 119
- **Q47** 『2匹のテントウムシ』……… 123
- **Q48** 『蟻の立体ランダムウォーク・出会い』（ランダムウォークの基本問題）……… 125

**Q49** 『蟻の出会い』……… 129
**Q50** 『蛙のランダムジャンプ』……… 133
- おまけの問題・2　『テスト用紙作成』……… 76
- おまけの問題・3　『不公平なゲーム』……… 80
- おまけの問題・4　『前回と同じ係』……… 86
- おまけの問題・5　『シーラカンス捕獲できず！』……… 104
- おまけの問題・6　『$n$ 枚のカードめくり』……… 112
- おまけの問題・7　『$n$ 組のペア』……… 122
- おまけの問題・8　『ブレーメン・セット』……… 128
- おまけの問題・9　『待ち時間のパラドクス』……… 132
- **コラム**　『「コイントスの賭け」の面白い性質』……… 118

# 第3部　輝かしい金字塔

**Q51** 『ベル数』……… 139
**Q52** 『$\sum_{k=0}^{\infty} \frac{k^n}{k!}$ の値をベル数で』……… 141
**Q53** 『ベル数の母関数』……… 143
**Q54** 『円の中の2点の距離』……… 145
**Q55** 『$\frac{1}{2}!$』……… 149
**Q56** 『遊びの超絶難問』……… 151
**Q57** 『ウォリスの定理』……… 153
**Q58** 『正則連分数の近似分数の定理』……… 155
**Q59** 『ベルヌーイ数』……… 157

Q60 『ベルヌーイ数の母関数』……… 159
Q61 と 62 『$z \cot z$ と $\tan z$ とベルヌーイ数』……… 161
Q63 『壁に立てた棒の包絡線』……… 163
Q64 『ヨハン・ベルヌーイの弾道曲線の包絡線』
    (1691 年)……… 165
Q65 『懸垂曲線（カテナリー）の問題』……… 167
Q66 『最速降下線問題』……… 169
Q67 『ヨハン・ベルヌーイの定積分』……… 171
Q68 『正弦と余弦の無限級数展開』……… 173
Q69 『オイラーの多角形分割の問題』(1751 年)……… 175
Q70 『オイラーの連分数』……… 177
Q71 『オイラーの積分』……… 179
Q72 『オイラーの定理 $\int_0^\infty \frac{\sin x}{x} dx = \frac{\pi}{2}$』……… 181
Q73 『オイラーのガンマ関数』……… 183
Q74 『オイラーのベータ関数』……… 185
Q75 『ベータ関数のちょっとした利用方法』……… 187
Q76 『楕円の周の長さ』（楕円積分）……… 189
Q77 『未解決問題にちょっとだけ似ている問題』……… 191
Q78 『$\sum_{k=1}^{\infty} \frac{1}{k^{2n}} = 1 + \frac{1}{2^{2n}} + \frac{1}{3^{2n}} + \frac{1}{4^{2n}} + \cdots$』……… 195
Q79 『$\sin x = 0$ は複素根を持たない』（オイラー）……… 197
Q80 『ガウス積分』……… 199
Q81 『ラプラスの継起の法則』（rule of succession）……… 201
    **コラム** 『オイラー積』……… 194

巻末補足　204

・カバーデザイン＝大下　賢一郎
・カバーの肖像　ニュートン（左側），オイラー（右側）
・本文ＤＴＰ＝ダーツ

第 **1** 部

数

　数の問題は，場合の数を求めるものであろうとなかろうと，解を求めようとする際に，頭の中に絵・画像が浮かびやすくて，それゆえとても取っつきやすいですね。

　では，ピュタゴラス数（ピュタゴラス3角形［次ページ］の辺の値の3つ組）の問題から始めましょう。

## 『ピュタゴラス3角形』直角をはさむ2辺の長さの差が1
### （その1：いきなり超絶難問）

3辺がどれも整数の直角三角形（ピュタゴラス3角形）のうち、**直角をはさむ2辺の長さの差が1**であるものについての問題です。

斜辺の長さがもっとも短いのは、3−4−5 の3角形で、2番目に短いのは、20−21−29 の3角形です。

さて、この3角形のうちで、斜辺の長さが6番目に短いものは？

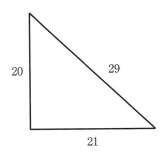

よく知られているように,既約 [3 辺の値の公約数が 1 だけの] ピュタゴラス 3 角形の 3 辺の長さ $(a, b, c)$ は,$m^2-n^2$, $2mn$, $m^2+n^2$ ($m$, $n$ は自然数で,$m>n$) ですべて表わすことができます ($c$ が斜辺。$a>b$ の場合も $a<b$ の場合もある)。[ユークリッド,『数学難問 BEST100』Q20 参照]

　　$m=x+y$, $n=y$ を代入し,
　　$a=x(x+2y)$, $b=2y(x+y)$, $c=(x+y)^2+y^2$

　直角をはさむ 2 辺の差が ±1 であればいいので,$a-b$ により,
　　$x^2-2y^2=\pm 1$

「$x$ に 1,2,3,… と順に代入し,$y$ が整数になるかをチェックする」という素朴な方法で,以下の結果が得られます。

| $k$ | $x$ | $y$ | $a$ | $b$ | $c$ |
|---|---|---|---|---|---|
| 1 | 1 | 1 | 3 | 4 | 5 |
| 2 | 3 | 2 | 21 | 20 | 29 |
| 3 | 7 | 5 | 119 | 120 | 169 |
| 4 | 17 | 12 | 697 | 696 | 985 |
| 5 | 41 | 29 | 4059 | 4060 | 5741 |
| 6 | 99 | 70 | 23661 | 23660 | 33461 |

　したがって,答えは,23661 - 23660 - 33461 の 3 角形です。

[補足] 実は $x^2-2y^2=\pm 1$ の $k$ 番目の正の整数解 $(x_k, y_k)$ は,
　　$(1+\sqrt{2})^k = x_k + y_k\sqrt{2}$
　で求めることができます。

# Q2
## 『ピュタゴラス3角形』直角をはさむ2辺の長さの差が1
### （その2：一般解問題）

$\dfrac{4x}{(1+x)(1-6x+x^2)}$ の割り算をする（分子を分母で割る）と，

$$4x + 20x^2 + 120x^3 + 696x^4 + 4060x^5 + 23660x^6 + \cdots$$

となり，各係数に前問の $b$ の値が順に現われます。じつに面白いですね。

さて，この結果を利用して，$n$ 番目の $b$ の値（$n$ が偶数のときはその3角形の最短の辺の長さ，$n$ が奇数のときはその3角形の2番目に短い辺の長さ［つまり最短の辺の長さ + 1］です）を求めてみましょう——単に計算遊びですが。

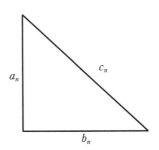

また，$c$ の値は，

$$\dfrac{x(5-x)}{1-6x+x^2} = 5x + 29x^2 + 169x^3 + 985x^4 + 5741x^5 + 33461x^6 + \cdots$$

に現われます。さて，$n$ 番目の斜辺 $c$ の値は？

$$\frac{4x}{(1+x)(1-6x+x^2)} = \frac{\sqrt{2}-1}{4(3-2\sqrt{2}-x)} - \frac{\sqrt{2}+1}{4(3+2\sqrt{2}-x)} - \frac{1}{2(x+1)}$$

……①

$\frac{1}{a-x}$ を無限級数展開すると（1 を分母で割ると），

$$\frac{1}{a-x} = \frac{1}{a} + \frac{x}{a^2} + \frac{x^2}{a^3} + \frac{x^3}{a^4} + \cdots$$

また，

$$\frac{1}{2(x+1)} = \frac{1}{2} - \frac{x}{2} + \frac{x^2}{2} - \frac{x^3}{2} + \frac{x^4}{2} - \frac{x^5}{2} + \cdots$$

したがって，①の無限級数展開の $x^n$ の項の係数 $b_n$ は，

$$\frac{\sqrt{2}-1}{4} \frac{1}{(3-2\sqrt{2})^{n+1}} - \frac{\sqrt{2}+1}{4} \frac{1}{(3+2\sqrt{2})^{n+1}} - \frac{1}{2}(-1)^n$$

$$= -\frac{1}{2}(-1)^n - \frac{1}{4}(1+\sqrt{2})(3-2\sqrt{2})^{n+1} + \frac{1}{4}(\sqrt{2}-1)(3+2\sqrt{2})^{n+1}$$

$c_n$ に関しては，

$$\frac{x(5-x)}{1-6x+x^2} = \frac{1-x}{1-6x+x^2} - 1$$

$$= \frac{2-\sqrt{2}}{4(3-2\sqrt{2}-x)} + \frac{2+\sqrt{2}}{4(3+2\sqrt{2}-x)} - 1$$

したがって，これを無限級数展開した $x^n$ の項の係数 $c_n$ は，

$$\frac{1}{4}(2+\sqrt{2})(3-2\sqrt{2})^{n+1} + \frac{1}{4}(2-\sqrt{2})(3+2\sqrt{2})^{n+1}$$

★ちなみに，$b_n$ の答えから自明ですが，$n$ 番目の 3 角形の最短の辺の長さは，

$$-\frac{1}{2} - \frac{1}{4}(1+\sqrt{2})(3-2\sqrt{2})^{n+1} + \frac{1}{4}(\sqrt{2}-1)(3+2\sqrt{2})^{n+1}$$

［裏話］3ページ前の表では，$x$ も $y$ も単純な数列になっているので，そこから $a_n$, $b_n$, $c_n$ の各値を単純に求めることができます。そして一般項を求めたあとで，母関数（次ページ）が $\dfrac{4x}{(1+x)(1-6x+x^2)}$ 等であることが導けます。その母関数を出題に使ったのです。

　以上，母関数の魅力を伝えよう，という趣旨の出題でした。

### コラム

## 『母関数』

母関数についてここで説明しておきます。

数列 $a_0, a_1, a_2, a_3, \cdots$ に対し，$a_0 + a_1 x + a_2 x^2 + a_3 x^3 + \cdots$ を，その数列の母関数 generating function といいます。生成関数ともよばれます。

例をいくつか挙げてみましょう。

（例1）0以上のすべての $n$ に対し，$a_n = 1$ である数列の母関数

これは $1 + x + x^2 + x^3 + x^4 + x^5 + \cdots$ です。

つまり $\dfrac{1}{1-x}$ です（分子を分母で割れば上式となります）。

（例2）$a_0 = 0$ で，1以上の $n$ に対し，$a_n = 1$ である数列の母関数

これは $x + x^2 + x^3 + x^4 + x^5 + x^6 + \cdots$ です。つまり $\dfrac{x}{1-x}$ です。

（例3）0以上のすべての $n$ に対し，$a_n = (-1)^n$ である数列の母関数

これは $1 - x + x^2 - x^3 + x^4 - x^5 + \cdots$ です。つまり $\dfrac{1}{1+x}$ です。

（例4）0以上のすべての $n$ に対し，$a_n = n$ である数列の母関数

これは $x + 2x^2 + 3x^3 + 4x^4 + 5x^5 + 6x^6 + \cdots$ です。

つまり $\dfrac{x}{(1-x)^2}$ です。

（例5）0以上のすべての $n$ に対し，$a_n = 2^n$ である数列の母関数

これは $1 + 2x + 4x^2 + 8x^3 + 16x^4 + 32x^5 + \cdots$ です。

つまり $\dfrac{1}{1-2x}$ です。

★母関数を初めて使ったのは，ド・モアブル（Abraham de Moivre, 1667-1754）です（1730年）。なお，$x$ は計算の便宜上の変数なので，その値の範囲を考慮する必要はありません。

# Q3

## 『玉も箱も区別しない分配』

$n$ 個の玉を 3 つの箱に分配します。玉も箱も，それぞれ区別しません。また，0 個の箱があってもよい，とします。

さて，何通りの分配の仕方があるでしょう？

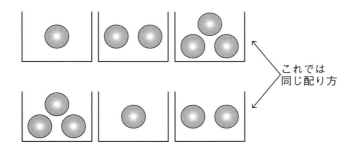

これでは同じ配り方

《注意》早とちりの人は「箱を区別する」分配の仕方で何通りとなるかを，間違って答えるでしょう。「箱を区別する」分配の仕方の場合，上の 2 つの図は，異なる分配となります。

箱を（A，B，C のように）区別するなら，$n$ 個の玉と仕切り線 2 本をどのように並べるかを数えればいいので，$_{n+2}C_2 = \dfrac{(n+2)(n+1)}{2}$ 通りとなります。

★これはかなり手間のかかる問題です。1 日かけて考えてみましょう！

$n$ が小さな値のときに答えがどうなるかを何例かチェックしてみると、$n$ が 6 の倍数のときに例外的な値になるのがわかります。それで「$n=6m+k$ の形式で解いていこう」と方針がたちますね。

(1) $n=6m+1$ のとき
箱を $a$, $b$, $c$ と区別すると、
$$_{6m+1+2}C_2 = \frac{(6m+3)(6m+2)}{2} = 18m^2+15m+3 \text{ (通り。以下省略)}$$
$a=b\neq c$ のとき、$c=1, 3, 5, \cdots, 6m+1$ で $3m+1$
$a=c\neq b$ のときも、$b=c\neq a$ のときも同じで、合計は $9m+3$
ゆえにすべての箱（の中の玉の数）が異なるのは、$18m^2+6m$
したがって、箱を区別しないなら、
$$(3m+1) + \frac{18m^2+6m}{6} = 3m^2+4m+1$$

(2) $n=6m+2$ のとき
箱を区別すると、
$$_{6m+2+2}C_2 = \frac{(6m+4)(6m+3)}{2} = 18m^2+21m+6$$
$a=b\neq c$ のとき、$c=0, 2, 4, \cdots, 6m+2$ で $3m+2$
$a=c\neq b$ のときも、$b=c\neq a$ のときも同じで、合計は $9m+6$
ゆえにすべての箱（の中の玉の数）が異なるのは、$18m^2+12m$
したがって、箱を区別しないなら、
$$(3m+2) + \frac{18m^2+12m}{6} = 3m^2+5m+2$$

(3) $n=6m+3$ のとき
箱を区別すると、

$$_{6m+3+2}C_2 = \frac{(6m+5)(6m+4)}{2} = 18m^2 + 27m + 10$$

$a=b=c$ のとき　1通り

$a=b$ のとき，$c=1,\ 3,\ 5,\ \cdots,\ 6m+3$ で $3m+2$

この中には $a=b=c$ の1通りが含まれているので，$a=b\neq c$ は $3m+1$

したがって，箱を区別しないなら，

$$1+(3m+1)+\frac{18m^2+27m+10-(9m+3)-1}{6} = 3m^2+6m+3$$

(4) $n=6m+4$ のとき

$n=6m+2$ のときと同様に計算して，$3m^2+7m+4$

(5) $n=6m+5$ のとき

同様に計算して，$3m^2+8m+5$

(6) $n=6m$ のとき

箱を区別すると，

$$_{6m+2}C_2 = \frac{(6m+2)(6m+1)}{2} = 18m^2+9m+1$$

$a=b=c$ のとき　1通り

$a=b$ のとき，$c=0,\ 2,\ 4,\ \cdots,\ 6m$ で $3m+1$

この中には $a=b=c$ の1通りが含まれているので，$a=b\neq c$ は $3m$

したがって，箱を区別しないなら，

$$1+(3m)+\frac{18m^2+9m+1-(9m)-1}{6} = 3m^2+3m+1$$

したがって，答えは，

$n=6m$（$m$ は0以上の整数）のとき，$3m^2+3m+1$

$n=6m+k$（$m$ は0以上の整数，$k=1,\ 2,\ 3,\ 4,\ 5$）のとき，

$3m^2+(k+3)m+k$

★なお，本問の関連問題はあとで登場します（Q19 と Q20）。

　ちなみに，玉が $6m$ 個のときの解［前ページの (6) の部分］を求める問題は，1996 年に東大入試で出題されました。

# Q4

## 『ジグザグ順列』

1〜$n$ の整数を以下のように，アップダウンを繰り返すように並べます。

$a_1 < a_2 > a_3 < a_4 > \cdots$

これをジグザグ順列（zigzag permutation）とよびます。

$n=1$ のとき，ジグザグ順列の数は1通り。

$n=2$ のときは，「1, 2」の1通り。

$n=3$ のときは，「1, 3, 2」「2, 3, 1」の2通り。

$n=4$ のときは，（気をつけないと数え間違いそうですが）5通りです。

では，$n=7$ のときは何通り？

$1 \sim n$ の $n$ 個によるジグザグ順列の数を $A_n$ とします。

　最大要素 $n$ は奇数番目には位置しません。

　$n$ が $2k$ 番目に位置するジグザグ順列の数は,
$$_{n-1}C_{2k-1} \cdot A_{2k-1} \cdot A_{n-2k}$$
です。

　$n=2$ の場合, これを使ってジグザグ順列の数を求めると,
$$A_2 = {}_1C_1 \, A_1 \, A_0 = 1 \times 1 \times A_0$$
$A_2 = 1$ なので, $A_0 = 1$ となります。

　$n=4$ の場合は (これは出題ページにある答えの確認ですが),
$$A_4 = {}_3C_1 \, A_1 \, A_2 + {}_3C_3 \, A_3 \, A_0 = 5$$

　以下同様に求めていくと, $A_5 = 16$, $A_6 = 61$, $A_7 = 272$ で, 答えは 272 通りです。

[追記]

　$\tan x$ と $\dfrac{1}{\cos x}$ の無限級数展開は, それぞれ以下のようになります。
$$\tan x = x + \frac{x^3}{3} + \frac{2x^5}{15} + \frac{17x^7}{315} + \frac{62x^9}{2835} + \cdots$$

$$\frac{1}{\cos x} = 1 + \frac{x^2}{2} + \frac{5x^4}{24} + \frac{61x^6}{720} + \frac{277x^8}{8064} + \cdots$$

これらを合わせて,
$$\frac{\sin x + 1}{\cos x} = 1 + x + \frac{x^2}{2} + \frac{x^3}{3} + \frac{5x^4}{24} + \frac{2x^5}{15} + \frac{61x^6}{720} + \frac{17x^7}{315} + \frac{277x^8}{8064} + \frac{62x^9}{2835} + \cdots$$

　ここに現われている各係数は, ジグザグ順列の数を $n!$ で割った値 $\dfrac{A_n}{n!}$ です。面白いですね。

(したがって, この係数からジグザグ順列の数を求めることができて, たとえば, $A_7 = \dfrac{17}{315} \times 7! = 272$ となります。)

# Q5

## 『円卓の狐』
（基本レベルの難問）

円卓のまわりに，下図のように 12 個の椅子を置きます。

それらのいくつか（0 でもよい）を狐の席とし，残りを鴨の席とします。ただし，狐は互いに隣り合ってはいけません。

席の決め方は何通りありますか？

なお，席はすべて異なります——つまり，回転して同じになる並べ方であっても別の並べ方として数えます。

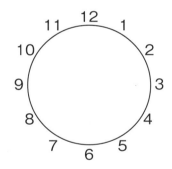

まず,横1列に並べる方法から考えます。

席が $n$ 個の場合の置き方を $a_n$ 通りとします。

$a_n$ 通り中,右端が鴨のものは $a_{n-1}$ 通り($n-1$ 個の椅子がどのように並んでいても,その右に鴨を置けるので)。

$a_n$ 通り中,右端が狐のものは(そのすぐ左は必ず鴨なので,それら2つを除外した並べ方の数と同じで)$a_{n-2}$ 通り。

したがって,$a_n = a_{n-1} + a_{n-2}$ (注)

$a_1 = 2$, $a_2 = 3$ より,

$a_3 = 5$, $a_4 = 8$, $a_5 = 13$, $a_6 = 21$, $a_7 = 34$, $a_8 = 55$, $a_9 = 89$, $a_{10} = 144$, $a_{11} = 233$, $a_{12} = 377$

さて,これらを円形にしようとすると,1の席も12の席も狐のもののみ不可(円形にできない)。

1の席も12の席も狐である並べ方は(その場合,2の席と11の席は必ず鴨なので,3〜10の席の決め方と同じ数で)$a_8$ 通り。

したがって答えは,$a_{12} - a_8 = 377 - 55 = 322$

(注)この漸化式をみたす数列は,広義のフィボナッチ数列です。狭義のフィボナッチ数列は,この漸化式に加え,初期値が $F_0 = 0$, $F_1 = 1$(あるいは,$F_1 = F_2 = 1$)であるものを指します。

# Q6 『2項係数』

2項係数に関する問題は，なかなか面白いので，超難問ではありませんが，並べておきます（あとの問題を解くときに使う都合もありますので）。⑥はかなりの難問ですが，もしかしたら，⑤にてこずる人もかなりいるかもしれません。

なお，$\binom{r}{k}$ は ${}_rC_k$ と同じ意味です。

①吸収等式　　　　　　②加法公式（パスカルの漸化式）

$$k\binom{r}{k} = r\binom{r-1}{k-1} \qquad \binom{r}{k} = \binom{r-1}{k} + \binom{r-1}{k-1}$$

③ヴァンデルモンドのたたみ込み

$$\sum_{k=0}^{n} \binom{r}{k}\binom{s}{n-k} = \binom{r+s}{n}$$

④上の指標に関する和

$$\binom{m}{m} + \binom{m+1}{m} + \binom{m+2}{m} + \cdots + \binom{n}{m} = \binom{n+1}{m+1}$$

⑤並行和

$$\binom{r}{0} + \binom{r+1}{1} + \binom{r+2}{2} + \cdots + \binom{r+n}{n} = \binom{r+n+1}{n}$$

⑥超絶難問!?

$$\sum_{k=0}^{n} \binom{2k}{k}\binom{2n-2k}{n-k} = 4^n$$

① $k\binom{r}{k} = \dfrac{k \times r!}{k!(r-k)!} = \dfrac{r \times (r-1)!}{(k-1)!(r-k)!} = r\binom{r-1}{k-1}$

★吸収等式は，どうということもない等式に見えるでしょうが，式変形で大いに役立つ等式です。

② $r$ 人の中から $k$ 人を選ぶ組み合わせ数が左辺。その内訳は，Aくんを選ばないのが $\binom{r-1}{k}$ 通りで，Aくんを選ぶのが $\binom{r-1}{k-1}$ 通りで，その合計が右辺です。

③ $r+s$ 人の中から $n$ 人を選ぶのが右辺。R組の $r$ 人の中から $k$ 人を選ぶと，S組の $s$ 人の中からは $n-k$ 人を選ぶことになります。$k$ が 0 の場合から $n$ の場合までのすべての合計が左辺です。

④ 0から $n$ までの数字が書かれた $n+1$ 枚のカードの中から $m+1$ 枚を選ぶのが右辺。左辺はその内訳で，まず，最大の数が $n$ である場合は，残り $n$ 枚の中から $m$ 枚を選ぶので，$\binom{n}{m}$ 通り。最大の数が $n-1$ である場合は $\binom{n-1}{m}$ 通り，等々と続いて，最後，最大の数が $m$ である場合は $\binom{m}{m}$ 通り。以上の合計が左辺。

⑤ $r+n+1$ 人の中から $n$ 人を選ぶのが右辺。そのうち，$A_0$ くんを選ばないのは $\binom{r+n}{n}$ 通り。$A_0$ くんを選んで $A_1$ くんを選ばないのは $\binom{r+n-1}{n-1}$ 通り。$A_0$ くんも $A_1$ くんも選んで $A_2$ くんを選ばないのは $\binom{r+n-2}{n-2}$ 通り，等々と続いて，$A_0$ くんから $A_{n-1}$ くんまでを選んで $A_n$ くんを選ばないのは $\binom{r+n-n}{n-n} = \binom{r}{0}$ 通り。$A_0$ くんから $A_{n-1}$ くんまでを選んで $A_n$ くんも選ぶのは不可能（すでに $n$ 人が選ばれている）で0通り。以上の合計が左辺。

★なお，④も⑤も，②を使った式変形のみで導くこともできます（が，上記のほうがエレガントですね）。

**⑥**

$(1-4x)^{-\frac{1}{2}}$ の2項展開(次ページ参照)の $x^n$ の係数は,

$$\frac{\left(-\frac{1}{2}\right)\left(-\frac{3}{2}\right)\times\cdots\times\left(-\frac{2n-1}{2}\right)}{n!}\times(-4)^n$$

$$=\frac{2^n\cdot 1\cdot 3\cdot\cdots\cdot(2n-1)}{n!}$$

$$=\frac{(2n)!}{(n!)^2}$$

∴ $(1-4x)^{-\frac{1}{2}}=\sum_{n=0}^{\infty}\binom{2n}{n}x^n$

左辺を2乗すると,

$(1-4x)^{-1}=1+4x+4^2x^2+4^3x^3+\cdots$ [1を $1-4x$ で割ると得られます]

となって, $x^n$ の係数は $4^n$

右辺を2乗すると, $x^n$ の係数は, $\sum_{k=0}^{n}\binom{2k}{k}\binom{2n-2k}{n-k}$

ゆえに, $\sum_{k=0}^{n}\binom{2k}{k}\binom{2n-2k}{n-k}=4^n$

> コラム

## 『2項定理による無限級数展開』(ニュートン)

本書では,2項定理による無限級数展開(2項展開)をときどき使うので,それについて多少書いておきましょう(本書の読者の中で,2項定理を知らない人はほとんどいないでしょうが)。

2項定理による無限級数展開は以下のようになります。当面はこの式だけ知っていれば十分でしょう。

$$(1+kx)^a = 1 + akx + \frac{a(a-1)}{2!}k^2x^2 + \frac{a(a-1)(a-2)}{3!}k^3x^3 + \frac{a(a-1)(a-2)(a-3)}{4!}k^4x^4 + \cdots$$

さて,これを使って,$\sqrt{\dfrac{1+x}{1-x}}$ を無限級数展開してみましょう。

$$\sqrt{\frac{1+x}{1-x}} = (1+x)(1-x^2)^{-\frac{1}{2}}$$

$(1-x^2)^{-\frac{1}{2}}$ は上式より ($k=-1, a=-\dfrac{1}{2}$, $x$ に $x^2$ を代入して),

$$1 + \frac{x^2}{2} + \frac{3x^4}{8} + \frac{5x^6}{16} + \frac{35x^8}{128} + \cdots$$

なので,これに $(1+x)$ をかけて,

$$\sqrt{\frac{1+x}{1-x}} = 1 + x + \frac{x^2}{2} + \frac{x^3}{2} + \frac{3x^4}{8} + \frac{3x^5}{8} + \frac{5x^6}{16} + \frac{5x^7}{16} + \cdots$$

美しい無限級数ですね。

# Q7
## 『部分和に関するわけのわからない難問?』

$$\sum_{k=0}^{n} (-1)^k \binom{n}{k} = \binom{n}{0} - \binom{n}{1} + \binom{n}{2} - \cdots + (-1)^n \binom{n}{n}$$

の和は,当然ながら 0 です。$(1+x)^n$ を 2 項展開して,$x = -1$ を代入すれば,上記の式で,展開せずに代入すれば,その値は 0 ですから。

では,下式(上式の途中までの和)の値は?

$$\sum_{k=0}^{m} (-1)^k \binom{n}{k} = \binom{n}{0} - \binom{n}{1} + \binom{n}{2} - \cdots + (-1)^m \binom{n}{m}$$

$$\binom{n}{k} = n(n-1)(n-2) \cdots (n-k+1)$$
$$= (-1)^k(-n)(-n+1)(-n+2) \cdots (k-n-1)$$
$$= (-1)^k \binom{k-n-1}{k} \quad \cdots\cdots ①$$
$$\sum_{k=0}^{m} (-1)^k \binom{n}{k} = \sum_{k=0}^{m} \binom{k-n-1}{k} \quad [上記恒等式①より]$$
$$= \binom{m-n}{m} \quad [前問⑤並行和より]$$
$$= (-1)^m \binom{n-1}{m} \quad [上記恒等式①より]$$

# Q8
## 『某論文の著者が簡略化できなかった式』

 ソート（並べ替え）に関する 1972 年の論文 "Note on Internal Merging" の著者 Bush Jones が，その論文中に下式を書きました。

$$\sum_{r=0}^{n} r \frac{{}_{m-r-1}C_{m-n-1}}{{}_{m}C_{n}}$$

 この式はもっと単純な形に変形できることが，R. L. Graham 他の "Concrete Mathematics" で指摘されています。

 さて，あなたはこれをもっと単純な形に変形できますか？

分母は $r$ と関係がないので,$\Sigma$ の外に出せます(最後に $\dfrac{1}{{}_mC_n}$ をかければいいのです)。

組み合わせの前にある $r$ が邪魔なので,まずそれを消す作業をします。

$$\begin{aligned}
\sum_{r=0}^{n} r\binom{m-r-1}{m-n-1} &= \sum_{r=0}^{n} m\binom{m-r-1}{m-n-1} - \sum_{r=0}^{n} (m-r)\binom{m-r-1}{m-n-1} \\
&= \sum_{r=0}^{n} m\binom{m-r-1}{m-n-1} - \sum_{r=0}^{n} (m-n)\binom{m-r}{m-n} \\
&\qquad\qquad [\text{Q6の①吸収等式による}] \\
&= m\binom{m}{m-n} - (m-n)\binom{m+1}{m-n+1} \quad (*) \\
&= \left\{m - \frac{(m-n)(m+1)}{m-n+1}\right\}\binom{m}{m-n} \\
&= \left(\frac{n}{m-n+1}\right)\binom{m}{m-n} \\
&= \left(\frac{n}{m-n+1}\right)\binom{m}{n}
\end{aligned}$$

そして,最初に外に出した分母を戻す($\dfrac{1}{{}_mC_n}$ をかける)と,結局,答え(簡略化した式)は $\dfrac{n}{m-n+1}$ となります。

(∗) Q6の④上の指標に関する和により,

$$\sum_{r=0}^{n}\binom{m-r}{m-n}=\binom{m+1}{m-n+1},\ \sum_{r=0}^{n}\binom{m-r-1}{m-n-1}=\binom{m}{m-n}\ \text{なので。}$$

# Q9 『係数つきの和の問題』

(1)
$$\binom{n+1}{1} + 2\binom{n+2}{2} + 3\binom{n+3}{3} + \cdots + r\binom{n+r}{r}$$

この値は？

(2)
$$\sum_{k=1}^{m-n} k\binom{m-k}{n} = 1\binom{m-1}{n} + 2\binom{m-2}{n} + 3\binom{m-3}{n} + \cdots + (m-n)\binom{n}{n}$$

この値は？

◎この種の問題は，慣れれば難しくはないのですが，慣れないうちは非常に難しいですね。高校時代にはこの種の計算をほとんどしないので，多くの読者にはこれらはきっと新鮮ではないかと思います。

ちなみに，どちらの結果も，後のページの問題を解くときに使います。

(1)
$$k\binom{n+k}{k} = \frac{k(n+k)!}{k!n!} = \frac{(n+k)!(n+1)}{(k-1)!(n+1)!} = (n+1)\binom{n+k}{n+1}$$

$$\sum_{k=1}^{r} k\binom{n+k}{k} = (n+1)\sum_{k=1}^{r}\binom{n+k}{n+1}$$
$$= (n+1)\binom{n+r+1}{n+2} \quad [\text{Q 6 の④による}]$$

(2)

小さな値のときどうなるかをまず見てみましょう。
$m$ が 6, $n$ が 2 のときは以下のようになります。

$$
\begin{array}{l}
\underline{1 \times {}_5C_2 + 2 \times {}_4C_2 + 3 \times {}_3C_2 + 4 \times {}_2C_2 = \;?} \\
\quad {}_5C_2 + \quad\;\; {}_4C_2 + \quad\;\; {}_3C_2 + \quad\;\; {}_2C_2 = {}_6C_3 \\
\qquad\qquad\;\; {}_4C_2 + \quad\;\; {}_3C_2 + \quad\;\; {}_2C_2 = {}_5C_3 \\
\qquad\qquad\qquad\qquad\;\; {}_3C_2 + \quad\;\; {}_2C_2 = {}_4C_3 \\
\qquad\qquad\qquad\qquad\qquad\qquad\;\;\; {}_2C_2 = {}_3C_3 \\
\hline
\qquad\qquad\qquad\qquad\qquad\quad (\text{合計})\; {}_7C_4
\end{array}
$$

$m$ や $n$ の値が変わっても計算は同様で,結局,答えは,

$$\sum_{k=1}^{m-n} k\binom{m-k}{n} = \binom{m+1}{n+2}$$

となります。

★これらの結果を利用する問題は,後のページで登場します。

# Q10

## 『カタラン数』(一般解問題)

スタート地点の左隣のマスがゴールです。スタート地点の右側には空きマスが無限に続いています。コイントスをして表なら左に1マス。裏なら右に1マス進みます。ゴールにたどり着くまで，何度もコイントスを行ないます。

1投でゴールに着くコインの出方は1通り。
3投でゴールに着くのは（「裏，表，表」のみで）1通り。
5投でゴールに着くのは2通り。
では，$2n+1$ 投でゴールに着くのは何通り？

◎ちなみに，答えは $n$ 番目のカタラン数 $C_n$ です。なお，その特殊解を求める問題は『数学＜超絶＞難問』Q 31 で出題。本問は，その一般解を求める難問です。

最後は必ず表でゴールです。つまり，表を上への道，裏を右への道で表現すると，左下図で対角線を越えてその上側に行かないようにして$S$から$G$まで何通りの道順があるかが答えです（注意：対角線は道ではありません）。

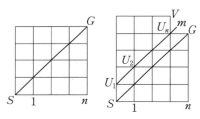

左上図で，$S$から$G$までの全道順数は，${}_{2n}C_n$通り。

対角線$SG$を越える場合は，右上図の$U_1$から$U_n$までの少なくとも1つを必ず通ります。$U_k$ ($k=1, 2, \cdots, n$) で初めて直線$m$に着く場合，$G$までのそれ以降の道順数は，$U_k$から$V$までの道順数と同じです（直線$m$に対する対称性による）。ゆえに，$S$から$U$の1つ以上を通って$G$にいく道順数と，$S$から$U$の1つ以上を通って$V$にいく道順数は同じで，これは${}_{2n}C_{n-1}$通りです。

したがって答えは，

$$\begin{aligned}{}_{2n}C_n - {}_{2n}C_{n-1} &= \frac{(2n)!}{n!n!} - \frac{(2n)!}{(n+1)!(n-1)!} \\ &= \frac{(2n)!}{n!n!}\left(1 - \frac{n}{n+1}\right) \\ &= \frac{{}_{2n}C_n}{n+1}\end{aligned}$$

◎なお，この値をカタラン数といいます。$n$番目のカタラン数は$C_n$と表わされます。つまり，$C_n = \dfrac{{}_{2n}C_n}{n+1}$です。

カタラン数の名前は，Eugène Charles Catalan (1814–1894) に因んでつけられました。

# Q11 『母関数を使ってカタラン数を』

前ページの解き方で単純に答えは得られるので，それで十分ですが，そこで使われているロジックが正しいかどうかがわからない人のために，$C_n$ の値を母関数を使って導く方法も試しておきましょう。

スタートよりも後に，初めて対角線 $SG$ に達するのが $k$ のところ（下図）とすると，その道順数は $C_{k-1} \times C_{n-k}$

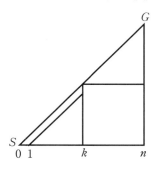

$k=1$ から $k=n$ までの和が $C_n$ で，
$$C_n = \sum_{k=1}^{n} C_{k-1} \cdot C_{n-k}$$
(たとえば，$C_2 = C_0 C_1 + C_1 C_0$, $C_3 = C_0 C_2 + C_1 C_1 + C_2 C_0$)

なお，$C_1 = 1$, $C_2 = 2$ なので，上式より，$C_0 = 1$ です（そのように定義します）。

$f(x) = C_0 + C_1 x + C_2 x^2 + C_3 x^3 + \cdots$ とすると，
$$f(x)^2 = C_0 C_0 + (C_0 C_1 + C_1 C_0) x + (C_0 C_2 + C_1 C_1 + C_2 C_0) x^2 + \cdots$$

さて，このあとを続けて，$C_n$ の値を求めてみましょう。

# A11

前ページより, $f(x)^2 = C_1 + C_2 x + C_3 x^2 + \cdots$

$xf(x)^2 = f(x) - 1 \quad [\because \quad C_0 = 1]$

$\therefore \quad f(x) = \dfrac{1 \pm \sqrt{1-4x}}{2x}$

$\sqrt{1-4x}$ の2項展開の $x^{n+1}$ の項は,

$$\dfrac{\dfrac{1}{2}\left(\dfrac{1}{2}-1\right)\cdots\left(\dfrac{1}{2}-n\right)}{(n+1)!} \cdot (-4x)^{n+1}$$

$$= \dfrac{1 \cdot 1 \cdot 3 \cdot 5 \cdots (2n-1)}{2^{n+1}(n+1)!} \cdot (-1)^n (-4)^{n+1} x^{n+1}$$

$\dfrac{2 \cdot 4 \cdot 6 \cdots 2n}{2^n n!} = 1$ をかけて,

$$= \dfrac{(2n)!}{(n+1)! n!} \cdot (-2) x^{n+1}$$

$$= -{}_{2n}C_n \left(\dfrac{2}{n+1}\right) x^{n+1}$$

したがって, $\dfrac{1 \pm \sqrt{1-4x}}{2x}$ のそれぞれを2項展開したうちで, $x^n$ が正の値となるほうの $x^n$ の項は,

$$\dfrac{1}{2x} {}_{2n}C_n \dfrac{2}{n+1} x^{n+1} = \dfrac{{}_{2n}C_n}{n+1} x^n$$

ゆえに, $C_n = \dfrac{{}_{2n}C_n}{n+1}$

# Q12
## 『リュカ数』(その1)

$n$人（$n \geq 3$）が円卓の席についています（円形に並んでいます）。ここで並び替えを行ないます。

新しい席は，どの人も，もとの席のままか，隣と互いに交換です（隣と交換した人がさらに別の人と交換するのは不可）。何組の交換があってもOKです。

さて，何組の並び替えが可能でしょう？

たとえば3人の場合，以下の4通りが可能。

（全員がもとの席のまま）

# A12

まず,直線状の席だった場合を考えます。可能な並び替えを $A_n$ 通りとします。

左端の人がもとのままの場合が $A_{n-1}$ 通りで,左端の人がその隣の人と入れ替わる場合が $A_{n-2}$ 通り。したがって,

$A_n = A_{n-1} + A_{n-2}$

$A_1 = 1$, $A_2 = 2$ なので,これは添え字が1つずれたフィボナッチ数列(Q5『円卓の狐』参照)で,

$A_n = F_{n+1}$

これを円形状にした場合,直線状だったときの左端の人と右端の人が隣り合っています。この2人の間で交換がない場合が $A_n$ 通りで,この2人が席を互いに交換する場合が $A_{n-2}$ 通り。したがって,答えは,$A_n + A_{n-2} = F_{n+1} + F_{n-1}$

$\dfrac{1+\sqrt{5}}{2} = \phi$, $\dfrac{1-\sqrt{5}}{2} = \psi$ (プサイ) とおくと,

$$F_{n+1} + F_{n-1} = \dfrac{1}{\sqrt{5}}(\phi^{n+1} - \psi^{n+1}) + \dfrac{1}{\sqrt{5}}(\phi^{n-1} - \psi^{n-1})$$
$$= \phi^n + \psi^n$$
$$= \left(\dfrac{1+\sqrt{5}}{2}\right)^n + \left(\dfrac{1-\sqrt{5}}{2}\right)^n \quad [これが答え]$$

★ちなみに,これは $n$ 番目のリュカ数(これについては次問で)です。

なお,本問では $n \geq 3$ としていますが,その理由は,$n=2$ の場合,隣の人が末端の人でもある特殊な状況となって,リュカ数からの逸脱が生じるからです。

なお,フィボナッチ数列の一般項は『数学<超絶>難問』ですでに扱っているので既知のものとして上記では使っていますが,同書未読の人のためにその簡単な求め方に次問で軽く触れます。

# Q13

## 『リュカ数』(その2)

(1)

リュカ数は François Édouard Anatole Lucas (1842–1891) に因んだ名前で,以下の初期値と漸化式をみたす数列の各値です(漸化式はフィボナッチ数列のそれと同じですね)。

$L_0 = 2, \quad L_1 = 1, \quad L_n = L_{n-1} + L_{n-2} \ (n \geq 2)$

$L_n$ の値が何であるかは前問ですでに登場していますが,それを一旦忘れて,上の初期値と漸化式から求めてみましょう。

★いろいろな解き方が可能ですが,ごく素朴に(一見幼稚に)解く方法を考案してみましょう。

(2)

リュカ数を各係数とする下の関数(つまり,リュカ数の母関数)を求めてみましょう。

$L(x) = L_0 + L_1 x + L_2 x^2 + L_3 x^3 + \cdots$

つまり,$L(x)$ を「無限級数で」ではなく「閉じた式で」表わしてみよう,という問題です。

# A.13

(1)

まず，$n$ が小さな値のときのリュカ数を，多少求めておきましょう。

$$L_2=3, \quad L_3=4, \quad L_4=7, \quad L_5=11$$

さて，$x^2=x+1$ の根のうち，$\dfrac{1+\sqrt{5}}{2}$ を $\phi$，$\dfrac{1-\sqrt{5}}{2}$ を $\psi$ とおきます。すると，$\phi+\psi=1$，$\phi\psi=-1$ です。

$$\phi^2 = \phi+1, \quad \psi^2=\psi+1$$
$$\phi^3 = \phi^2+\phi = 2\phi+1 = 3\phi+\psi$$
$$\phi^4 = \phi^3+\phi^2 = 4\phi+\psi+1 = 4\phi+\psi^2$$
$$\phi^5 = \phi^4+\phi^3 = 7\phi+\psi^2+\psi = 7\phi+\psi^3$$

等々で，結局，$\phi^{n+1}=L_n\phi+\psi^{n-1}$

$$\therefore \quad L_n = \frac{\phi^{n+1}-\psi^{n-1}}{\phi}$$

$$= \phi^n+\psi^n \quad \left[\because \ \frac{1}{\phi}=-\psi\right]$$

$$= \left(\frac{1+\sqrt{5}}{2}\right)^n+\left(\frac{1-\sqrt{5}}{2}\right)^n$$

★ちなみに，フィボナッチ数列の場合は（一見幼稚に解くと），

$F_0=0$，$F_1=1$，$F_n=F_{n-1}+F_{n-2}$ $(n\geq 2)$ で，（$F_2=1$，$F_3=2$，$F_4=3$，$F_5=5$，$F_6=8$ 等々で）

$$\phi^2 = \phi+1$$
$$\phi^3 = \phi^2+\phi = 2\phi+1$$
$$\phi^4 = \phi^3+\phi^2 = 3\phi+2$$
$$\phi^5 = \phi^4+\phi^3 = 5\phi+3$$
$$\phi^6 = \phi^5+\phi^4 = 8\phi+5$$

等々で，結局，$\phi^n=F_n\phi+F_{n-1}$

同様に，$\psi^n=F_n\psi+F_{n-1}$

$$\phi^n - \psi^n = F_n(\phi - \psi) = F_n\sqrt{5}$$

$$\therefore \quad F_n = \frac{1}{\sqrt{5}}(\phi^n - \psi^n)$$

$$= \frac{1}{\sqrt{5}}\left\{\left(\frac{1+\sqrt{5}}{2}\right)^n - \left(\frac{1-\sqrt{5}}{2}\right)^n\right\}$$

★$n$ 番目のリュカ数やフィボナッチ数を求めるごく平凡な方法は以下のとおりです(本書の読者は知っているでしょうが)。なお,$\phi$ や $\psi$ の値はこれまでと同じです。

$A_n = A_{n-1} + A_{n-2}$ より,

$$A_{n+1} - \psi A_n = \phi(A_n - \psi A_{n-1})$$
$$= \phi^n(A_1 - \psi A_0) \quad \cdots\cdots ①$$

同様に,

$$A_{n+1} - \phi A_n = \psi^n(A_1 - \phi A_0) \quad \cdots\cdots ②$$

①−②より,

$$A_n = \frac{1}{\phi - \psi} \cdot \{\phi^n(A_1 - \psi A_0) - \psi^n(A_1 - \phi A_0)\}$$

これに $A_0 = 2$, $A_1 = 1$ を代入すれば $n$ 番目のリュカ数が得られ,$A_0 = 0$, $A_1 = 1$ を代入すれば $n$ 番目のフィボナッチ数が得られます。

(2)

$$L(x) = L_0 + L_1 x + L_2 x^2 + L_3 x^3 + \cdots \quad \text{とおくと,}$$

$$-xL(x) = \quad -L_0 x - L_1 x^2 - L_2 x^3 - \cdots$$

$$-x^2 L(x) = \quad\quad\quad -L_0 x^2 - L_1 x^3 - \cdots$$

これらの合計は,$L_0 = 2$, $L_1 = 1$, $L_2 = L_1 + L_0$ 等々により,

$$(1 - x - x^2)L(x) = 2 - x$$

$$\therefore \quad L(x) = L_0 + L_1 x + L_2 x^2 + L_3 x^3 + \cdots = \frac{2-x}{1-x-x^2}$$

★この割り算(分子÷分母)を実行すると,当然ながら,

$$2+x+3x^2+4x^3+7x^4+11x^5+\cdots$$

となります。

# Q14
## 『リュカ数とフィボナッチ数を母関数で』

リュカ数の母関数は 43 ページで求めたように，

$$L(x) = L_0 + L_1 x + L_2 x^2 + L_3 x^3 + \cdots = \frac{2-x}{1-x-x^2}$$

です。これを使って，$n$ 番目のリュカ数を求めてみましょう。

また，フィボナッチ数の母関数

$$F(x) = F_0 + F_1 x + F_2 x^2 + F_3 x^3 + \cdots$$

を同様に求めたあと，それを使って，$n$ 番目のフィボナッチ数を求めてみましょう。

◎ $n$ 番目のリュカ数やフィボナッチ数はすでに求めてありますが，それを一旦忘れて計算を楽しみましょう。

# A14

$\phi = \dfrac{1+\sqrt{5}}{2}$, $\psi = \dfrac{1-\sqrt{5}}{2}$ とおきます。

$$L_0 + L_1 x + L_2 x^2 + L_3 x^3 + \cdots = \dfrac{2-x}{1-x-x^2} = \dfrac{1}{1-\phi x} + \dfrac{1}{1-\psi x}$$

$$\dfrac{1}{1-\phi x} = 1 + \phi x + \phi^2 x^2 + \phi^3 x^3 + \cdots$$

$$\dfrac{1}{1-\psi x} = 1 + \psi x + \psi^2 x^2 + \psi^3 x^3 + \cdots$$

したがって,$x^n$ の係数 $L_n$ は $\phi^n + \psi^n$ で,これが $n$ 番目のリュカ数。
つまり,$\left(\dfrac{1+\sqrt{5}}{2}\right)^n + \left(\dfrac{1-\sqrt{5}}{2}\right)^n$

$$\begin{aligned} F(x) &= F_0 + F_1 x + F_2 x^2 + F_3 x^3 + \cdots \quad \text{とおくと,} \\ -xF(x) &= \phantom{F_0} - F_0 x - F_1 x^2 - F_2 x^3 - \cdots \\ -x^2 F(x) &= \phantom{F_0 - F_0 x} - F_0 x^2 - F_1 x^3 - \cdots \end{aligned}$$

これらの合計は,$F_0 = 0$,$F_1 = 1$,$F_2 = F_1 + F_0$ 等々により,

$$(1-x-x^2)F(x) = x$$

$$\therefore \quad F(x) = F_0 + F_1 x + F_2 x^2 + F_3 x^3 + \cdots = \dfrac{x}{1-x-x^2}$$

$$\dfrac{x}{1-x-x^2} = \dfrac{1}{\sqrt{5}}\left(\dfrac{1}{1-\phi x} - \dfrac{1}{1-\psi x}\right)$$

したがって,$x^n$ の係数 $F_n$ は $\dfrac{1}{\sqrt{5}}(\phi^n - \psi^n)$ で,これが $n$ 番目のフィボナッチ数。

つまり,$\dfrac{1}{\sqrt{5}}\left\{\left(\dfrac{1+\sqrt{5}}{2}\right)^n - \left(\dfrac{1-\sqrt{5}}{2}\right)^n\right\}$

# Q15

## 『ドミノ並べ』(その1)

3×8のボードをドミノ（サイズは2×1）で隙間なく敷き詰めます。何通りの敷き詰め方がありますか？

ただし，回転して同じになる詰め方でも，別の詰め方と考えます。

（例）3×2のボードなら，下の3通り。

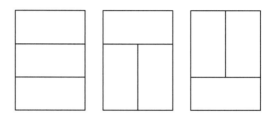

# Q16

## 『ドミノ並べ』(その2)

3×2kのボード（kは正の整数）をドミノ（サイズは2×1）で隙間なく敷き詰めます。何通りの敷き詰め方がありますか？

# A15

3×$n$のボードをドミノですっかり敷き詰めることができるのは，$n$が偶数のときで，$n$が奇数のときは（ボードの左端から敷き詰めていったとして）図1のように右端の下（か上）に1マス欠損の形となります。

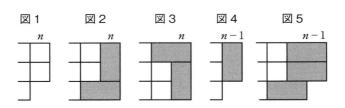

3×$n$のボードの敷き詰め方を$a_n$通り（$n$は偶数）とします。また図1の「右下1マス欠損」の形の敷き詰め方を$b_n$通り（$n$は奇数）とします。

$n$が偶数のとき，$a_n$の内訳は，右端にドミノ3つを横向きに敷き詰めるのが$a_{n-2}$通り，図2と図3のように敷き詰めるのがそれぞれ$b_{n-1}$通り。したがって，

$$a_n = a_{n-2} + 2b_{n-1} \quad \cdots\cdots ①$$

$b_{n-1}$の内訳は，端にドミノを縦におく図4の$a_{n-2}$通りと，図5の$b_{n-3}$通り。つまり，

$$b_{n-1} = a_{n-2} + b_{n-3} \quad \cdots\cdots ②$$

①②から$b$を消して

$$a_n = 4a_{n-2} - a_{n-4} \quad \cdots\cdots ③$$

$a_2 = 3$, $b_3 = 4$ なので，①より，$a_4 = a_2 + 2b_3 = 11$

以下，③より

$$a_6 = 4a_4 - a_2 = 41$$
$$a_8 = 4a_6 - a_4 = 153$$

# A16

A15 の③より, $a_4 = 4a_2 - a_0$  ∴ $a_0 = 1$
$\alpha = 2+\sqrt{3},\ \beta = 2-\sqrt{3}$ とおくと,
$$a_4 - \beta a_2 = \alpha(a_2 - \beta a_0)$$
∴ $a_{2k+2} - \beta a_{2k} = \alpha^k(a_2 - \beta a_0) = \alpha^k(1+\sqrt{3})$ ……①
同様に,
$$a_{2k+2} - \alpha a_{2k} = \beta^k(a_2 - \alpha a_0) = \beta^k(1-\sqrt{3})$$ ……②
① − ②より,
$$(\alpha - \beta)a_{2k} = \alpha^k(1+\sqrt{3}) - \beta^k(1-\sqrt{3})$$
∴ $a_{2k} = \dfrac{3+\sqrt{3}}{6} \cdot (2+\sqrt{3})^k + \dfrac{3-\sqrt{3}}{6} \cdot (2-\sqrt{3})^k$

★なお, 行列を使って解くと (ムダに手間がかかりますが), 以下のようになります。

$a_4 = 4a_2 - a_0$ より
$$\begin{pmatrix} a_4 \\ a_2 \end{pmatrix} = \begin{pmatrix} 4 & -1 \\ 1 & 0 \end{pmatrix} \begin{pmatrix} a_2 \\ a_0 \end{pmatrix}$$

ゆえに,
$$\begin{pmatrix} a_{2k+2} \\ a_{2k} \end{pmatrix} = \begin{pmatrix} 4 & -1 \\ 1 & 0 \end{pmatrix}^k \begin{pmatrix} 3 \\ 1 \end{pmatrix}$$

対角化して,
$$= \begin{pmatrix} 2-\sqrt{3} & 2+\sqrt{3} \\ 1 & 1 \end{pmatrix} \begin{pmatrix} (2-\sqrt{3})^k & 0 \\ 0 & (2+\sqrt{3})^k \end{pmatrix} \begin{pmatrix} -\dfrac{1}{2\sqrt{3}} & \dfrac{1}{2}+\dfrac{1}{\sqrt{3}} \\ \dfrac{1}{2\sqrt{3}} & \dfrac{1}{2}-\dfrac{1}{\sqrt{3}} \end{pmatrix} \begin{pmatrix} 3 \\ 1 \end{pmatrix}$$

したがって,
$$a_{2k} = \dfrac{3+\sqrt{3}}{6} \cdot (2+\sqrt{3})^k + \dfrac{3-\sqrt{3}}{6} \cdot (2-\sqrt{3})^k$$

おまけの問題・1

### 『等面4面体』（基本レベルの難問）

「3辺の長さが $x$, $y$, 1（ただし, $x+y=2$）である3角形」を4つ使って作る等面4面体の体積 $V$ が最大となる $x$ の値は？

★ほとんどの人は「直感的には答えは1となりそう」と思うでしょう。さて，実際はどうなりますか？

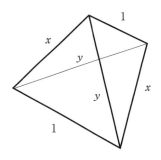

★3辺が「6，7，8」のときの体積を求める問題（類題が東大入試と京大入試で出題された）は『数学＜超絶＞難問』Q15 で出題。

（答えは巻末204ページにあります。）

# Q17

## 『2×2×$n$の直方体』(その1)

2×1×1のサイズのレンガ8個を積んで，2×2×4の直方体を作ります。積み方は何通りありますか？

ただし，回転したら同じ積み方になるものでも，別の積み方と考えます。

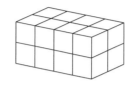

# Q18

## 『2×2×$n$の直方体』(その2)

また，2×2×$n$の直方体を作る場合は，積み方は何通りありますか？

# A17

$2 \times 2 \times n$ の積み方を $A_n$ 通りとおきます。

これにおまけでレンガ1個分が左下図のように地面においてある外見にする場合の積み方を $B_n$ 通りとします。その内訳は，左図（レンガ1個をアミカケ部分のようにおく）が $A_n$ 通り，右図（アミカケ部分の向きでレンガを2つ並べておく）が $B_{n-1}$ 通り。ゆえに，

$B_n = A_n + B_{n-1}$ ……①

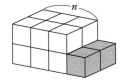 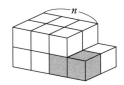

$2 \times 2 \times (n+1)$ の場合（$A_{n+1}$ 通り）の内訳は，

$2 \times 2 \times n$ に $2 \times 2 \times 1$ が加わっているタイプが $2A_n$ 通り（次ページ図 $\alpha$）。

$2 \times 2 \times (n-1)$ にレンガ4つが $z$ 方向に加わっているタイプが $A_{n-1}$ 通り（次ページ図 $\beta$。その図ではレンガ4つのうちの1つだけにアミをかけている）。

$2 \times 2 \times (n-1)$ に $z$ 方向にレンガが2つだけ加わっているタイプの場合，その2つの選び方は4通りで，そのそれぞれが $B_{n-1}$ 通り（次ページ図 $\gamma$。濃いアミカケ部分がレンガ1つ）。ゆえに，

$A_{n+1} = 2A_n + A_{n-1} + 4B_{n-1}$ ……②

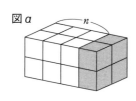
図α

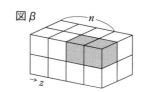
図β

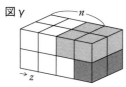
図γ

また, $B_0=1$, $A_1=2$

$A_2$ については下図で説明します。

$s$ の部分を使うレンガの置き方は3通りで, そのそれぞれに対して, $t$ の部分を使うレンガの置き方が3通りなので, 結局, $A_2=9$

②に $n=1$ を代入して $A_0=1$ (なので, $A_0=1$ と定義します)

①②より, $A_{n+2}=3A_{n+1}+3A_n-A_{n-1}$

これに $n=1$ を代入して, $A_3=32$

$n=2$ を代入して, $A_4=121$

# A18

$A_n$ の母関数を $A(x)$ とおくと,フィボナッチ数やリュカ数の母関数を求めたときと同様に計算して,

$(1-3x-3x^2+x^3)A(x) = x^2(A_2-3A_1-3A_0) + x(A_1-3A_0) + A_0$
$\qquad\qquad\qquad\qquad\quad = 1-x$

$\therefore\ A(x) = \dfrac{1-x}{1-3x-3x^2+x^3} = \dfrac{1-x}{(1+x)(1-4x+x^2)}$

$\qquad\quad\ = \dfrac{1}{3(1+x)} + \dfrac{1}{6(2+\sqrt{3}-x)} + \dfrac{1}{6(2-\sqrt{3}-x)}$

$\dfrac{1}{3(1+x)} = \dfrac{1}{3} - \dfrac{x}{3} + \dfrac{x^2}{3} - \dfrac{x^3}{3} + \cdots$

$\dfrac{1}{6(c-x)} = \dfrac{1}{6c} + \dfrac{x}{6c^2} + \dfrac{x^2}{6c^3} + \dfrac{x^3}{6c^4} + \cdots$

なので,$A(x)$ の $x^n$ の係数($A_n$)は,

$$A_n = \frac{1}{6}(2+\sqrt{3})^{n+1} + \frac{1}{6}(2-\sqrt{3})^{n+1} + \frac{1}{3}(-1)^n$$

★行列計算で解く場合は,$A_{n+2} = 3A_{n+1} + 3A_n - A_{n-1}$ と $A_0=1$,$A_1=2$,$A_2=9$ により,

$$\begin{pmatrix} A_{n+2} \\ A_{n+1} \\ A_n \end{pmatrix} = \begin{pmatrix} 3 & 3 & -1 \\ 1 & 0 & 0 \\ 0 & 1 & 0 \end{pmatrix}^n \begin{pmatrix} 9 \\ 2 \\ 1 \end{pmatrix}$$

これを解いて,$A_n = \dfrac{1}{6}(2+\sqrt{3})^{n+1} + \dfrac{1}{6}(2-\sqrt{3})^{n+1} + \dfrac{1}{3}(-1)^n$

となります。[単に対角化の計算をするだけですが,かなり手間がかかりますね。]

# Q19

## 『$n$ の分割』（その1：漸化式）

ある国に，1円と2円と3円のコインがあるとしましょう。それぞれのコインを複数枚（0枚以上）ずつ組み合わせて，計 $n$ 円とする組み合わせの数を $P_n$ とします。

さて，$P_n$ に関して，どのような漸化式が成り立っているのでしょう？

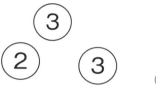

（この場合は8円）

★このタイプの問題を1度も見たことがない人は，1週間考えてもわからないかもしれません。少なくとも数日間は考えてみましょう。

# Q20

## 『$n$ の分割』（その2：一般解）

$6n$ 円，および $6n+1$ 円を，1円と2円と3円の3種のコインで組み合わせる［両替する］方法の数は？

# A19

まず，1円と5円のコインを組み合わせて $n$ 円とする方法が何通りかを考えてみましょう．この場合は，
$$(1+x+x^2+x^3+\cdots)(1+x^5+x^{10}+x^{15}+\cdots)$$
を展開したときの $x^n$ の項の係数が答えとなります．
（たとえば，$n=7$ の場合，上式を展開して $x^7$ の項になるのは，左側が $x^2$，右側が $x^5$ ［1円が2枚，5円が1枚］のときと，左側が $x^7$，右側が1［1円が7枚，5円が0枚］のときです．これでわかりますか？）

したがって，本問の場合，
$$(1+x+x^2+x^3+\cdots)(1+x^2+x^4+x^6+\cdots)(1+x^3+x^6+x^9+\cdots)$$
を展開したときの $x^n$ の項の係数が $P_n$ です．ところで，

$$\frac{1}{1-x} = 1+x+x^2+x^3+\cdots$$
$$\frac{1}{1-x^2} = 1+x^2+x^4+x^6+\cdots$$
$$\frac{1}{1-x^3} = 1+x^3+x^6+x^9+\cdots$$

ですから，$P_n$ の母関数を $f(x)$ とすると，

$$f(x) = P_0 + P_1 x + P_2 x^2 + P_3 x^3 + \cdots = \frac{1}{(1-x)(1-x^2)(1-x^3)}$$

$$\therefore \quad 1 = (1-x)(1-x^2)(1-x^3)(P_0 + P_1 x + P_2 x^2 + P_3 x^3 + \cdots)$$
$$= (1-x-x^2+x^4+x^5-x^6)(P_0 + P_1 x + P_2 x^2 + P_3 x^3 + \cdots)$$

したがって，この右辺を展開したときの $x^k (k \geq 1)$ の項の係数は 0 でなければなりません．ゆえに，6以上の $k$ において，

$$P_k - P_{k-1} - P_{k-2} + P_{k-4} + P_{k-5} - P_{k-6} = 0$$
$$\therefore \quad P_n = P_{n-1} + P_{n-2} - P_{n-4} - P_{n-5} + P_{n-6} \quad (k \geq 6)$$

# A20

$$\frac{1}{1-x}\cdot\frac{1}{1-x^2}\cdot\frac{1}{1-x^3}=\frac{1+x+x^2+x^3+x^4+x^5}{1-x^6}\cdot\frac{1+x^2+x^4}{1-x^6}\cdot\frac{1+x^3}{1-x^6}$$

2項定理より，$\dfrac{1}{(1-x^6)^3}=\displaystyle\sum_{k=0}^{\infty}\binom{k+2}{2}x^{6k}$ なので，

$$\frac{1}{(1-x)(1-x^2)(1-x^3)}=$$

$(1+x+2x^2+3x^3+4x^4+5x^5+4x^6+5x^7+4x^8+3x^9+2x^{10}+x^{11}+x^{12})\displaystyle\sum_{k=0}^{\infty}\binom{k+2}{2}x^{6k}$

これを展開したとき，$x^{6n}$ の項となるのは，

$$\binom{n+2}{2}x^{6n}+4x^6\binom{n+1}{2}x^{6n-6}+x^{12}\binom{n}{2}x^{6n-12}$$

したがって，$x^{6n}$ の項の係数（つまり **$6n$ 円の組み合わせの答え**）は，**$3n^2+3n+1$**

また，$x^{6n+1}$ の項となるのは，

$$x\binom{n+2}{2}x^{6n}+5x^7\binom{n+1}{2}x^{6n-6}$$

したがって，$x^{6n+1}$ の項の係数（つまり **$6n+1$ 円の組み合わせの答え**）は，**$3n^2+4n+1$**

《興味深いことに，Q3 の解答［(6)と(1)の答え］と同じです。》

★さらに，$6n+2$ 円から $6n+5$ 円までの場合も計算すると，答えは順に，

$$2\binom{n+2}{2}+4\binom{n+1}{2}=3n^2+5n+2$$

$$3\binom{n+2}{2}+3\binom{n+1}{2}=3n^2+6n+3$$

$$4\binom{n+2}{2}+2\binom{n+1}{2}=3n^2+7n+4$$

$$5\binom{n+2}{2}+1\binom{n+1}{2}=3n^2+8n+5$$

となって，Q3 の解答［(2)から(5)の答え］と同じです。

★「1円から$m$円までの$m$種のコインを使って計$n$円とする組み合わせの数」と「玉も箱も区別せずに$n$個の玉を$m$個の箱に分ける（0個の箱があってもよい）方法の数」は一致します。

その理由を，例で示します。「6個を3箱に分配」と「6円を3円までのコインで両替」の例で，以下の1対1の対応があるのです。

```
     箱      コイン
    0 0 6   ①①①①①①
    0 1 5   ②①①①①
    0 2 4   ②②①①      ……参考図A
    1 1 4   ③①①①      ……参考図B
    0 3 3   ②②②
    1 2 3   ③②①
    2 2 2   ③③
```

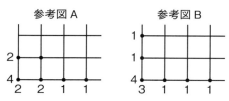

同じ図の点を横方向に数えるか，縦方向に数えるか，だけの違いです。縦軸は，箱数の制限を示し，かつ，何円コインまでかの制限も示しています。

# Q21
## 『第1種スターリング数』

7人を3グループに分けて,グループごとにそのメンバーを円形に並べる方法は何通りあるでしょう？

ただし,0人のグループがあってはなりません。1人だけのグループは可。

回転したら同じになる並べ方は同じものとみなします。

たとえば,4人で2つの円を作る場合は,左下図（3人と1人）が8通り（1人の部分が4通りで,残る3人の並べ方が各2通り）,右下図（2人と2人）が3通りで,計11通りです。

# A21

$n$ 人を $k$ 個のグループに分けて，グループごとにそのメンバーを円形に並べる場合の数を $\begin{bmatrix} n \\ k \end{bmatrix}$ とおきます。

まず，自明な2点から見ていきましょう。

$$\begin{bmatrix} n \\ 1 \end{bmatrix} = (n-1)!$$

（1人目の右隣における人は $n-1$ 通り，その右隣における人は $n-2$ 通り……。）

$$\begin{bmatrix} n \\ n-1 \end{bmatrix} = {}_n C_2$$

次に漸化式を作ります。$n$ 番目の人を，すでにいる $n-1$ 人に加える場合，$n$ 番目を独立した部分とするか，すでにある組のどれかに入れるか，のいずれかです。前者は $\begin{bmatrix} n-1 \\ k-1 \end{bmatrix}$ 通り。後者は，$n-1$ 人で $k$ 組の作り方が $\begin{bmatrix} n-1 \\ k \end{bmatrix}$ 通りあって，$n$ 番目をどの組に入れるかは「1人の組に入れる方法は1通り，2人の組に入れる方法は2通り，3人の組に入れる方法は3通り，等々で，もとの人数全員と同じ値（$n-1$）の加え方が可能なので」$n-1$ 通り。したがって，

$$\begin{bmatrix} n \\ k \end{bmatrix} = (n-1)\begin{bmatrix} n-1 \\ k \end{bmatrix} + \begin{bmatrix} n-1 \\ k-1 \end{bmatrix}$$

以上を使って，順に値を求めていくと，

$$\begin{bmatrix} 4 \\ 2 \end{bmatrix} = 3\begin{bmatrix} 3 \\ 2 \end{bmatrix} + \begin{bmatrix} 3 \\ 1 \end{bmatrix} = 11 \quad \text{（出題ページにある値）}$$

$$\begin{bmatrix} 5 \\ 2 \end{bmatrix} = 4\begin{bmatrix} 4 \\ 2 \end{bmatrix} + \begin{bmatrix} 4 \\ 1 \end{bmatrix} = 50$$

$$\begin{bmatrix} 6 \\ 2 \end{bmatrix} = 5\begin{bmatrix} 5 \\ 2 \end{bmatrix} + \begin{bmatrix} 5 \\ 1 \end{bmatrix} = 274$$

$$\begin{bmatrix} 5 \\ 3 \end{bmatrix} = 4\begin{bmatrix} 4 \\ 3 \end{bmatrix} + \begin{bmatrix} 4 \\ 2 \end{bmatrix} = 35$$

$$\begin{bmatrix} 6 \\ 3 \end{bmatrix} = 5\begin{bmatrix} 5 \\ 3 \end{bmatrix} + \begin{bmatrix} 5 \\ 2 \end{bmatrix} = 225$$

$$\begin{bmatrix} 7 \\ 3 \end{bmatrix} = 6\begin{bmatrix} 6 \\ 3 \end{bmatrix} + \begin{bmatrix} 6 \\ 2 \end{bmatrix} = 1624$$

★本問の $\begin{bmatrix} n \\ k \end{bmatrix}$ の値を第1種スターリング数といいます。

# Q22

## 『第2種スターリング数』

3つのものを2つのグループ（空のグループは不可）に分ける方法は，下のように3通りあります。

では，8個のものを4つのグループに分ける方法は何通りあるでしょう？

★難問と言えるか微妙なところですが，話題としては面白いので……。

# A22

$n$ 個のものを $k$ 個の空でない部分集合に分ける場合の数を $\left\{ {n \atop k} \right\}$ と表記すると，まず，

$$\left\{ {n \atop 2} \right\} = 2^{n-1} - 1$$

(1 から $n-1$ のそれぞれを，$n$ 番目と同じ組にするか否かが $2^{n-1}$ 通りで，すべてが $n$ と同じ組になると 0 個の組ができてしまうのでそれを除外して，$2^{n-1} - 1$)

$$\left\{ {n \atop n-1} \right\} = {}_nC_2$$

(どの 2 つを「2 つ組」にするかの数なので)

次に $\left\{ {n \atop k} \right\}$ についての漸化式を作ります。

$n$ 番目のものを，すでにある $n-1$ 個に加える場合，$n$ 番目を独立した部分とするか，すでにある組のどれかに入れるか，のいずれかです。前者は $\left\{ {n-1 \atop k-1} \right\}$ 通り。後者は，$n-1$ 人で $k$ 組の作り方が $\left\{ {n-1 \atop k} \right\}$ 通りあって，$n$ 番目をどの組に入れるかが各 $k$ 通りあるので，結局，

$$\left\{ {n \atop k} \right\} = k \left\{ {n-1 \atop k} \right\} + \left\{ {n-1 \atop k-1} \right\}$$

以上を使って，順に値を求めていくと，

$$\left\{ {5 \atop 3} \right\} = 3 \left\{ {4 \atop 3} \right\} + \left\{ {4 \atop 2} \right\} = 25$$

$$\left\{ {6 \atop 3} \right\} = 3 \left\{ {5 \atop 3} \right\} + \left\{ {5 \atop 2} \right\} = 90$$

$$\left\{ {7 \atop 3} \right\} = 3 \left\{ {6 \atop 3} \right\} + \left\{ {6 \atop 2} \right\} = 301$$

$$\left\{ {6 \atop 4} \right\} = 4 \left\{ {5 \atop 4} \right\} + \left\{ {5 \atop 3} \right\} = 65$$

$$\left\{ {7 \atop 4} \right\} = 4 \left\{ {6 \atop 4} \right\} + \left\{ {6 \atop 3} \right\} = 350$$

$$\left\{ {8 \atop 4} \right\} = 4 \left\{ {7 \atop 4} \right\} + \left\{ {7 \atop 3} \right\} = 1701$$

★ $\left\{ {n \atop k} \right\}$ を第 2 種スターリング数といいます。2 つあるスターリング数のうちの 1 つで，第 1 種スターリング数よりもよく使われます。

なお，スターリング (James Stirling, 1692-1770) 自身は，こち

らの第2種のほうから先に述べています。

★なお，漸化式から離れると，もっと単純に解けます（ただし，人によっては，以下はかなり理解しづらいかもしれませんが）。

$n$ 個を4種（AからD）の箱に入れると考えます（箱は最初，別扱いです）。個々のものは4通りの入れ方があるので $4^n$ 通り。この値の中には，1箱以上が空になってしまう入れ方が $_4C_3 \times 3^n$ 通り入っているので，それを引きます。すると，2箱以上が空の入れ方 $2^n$ 通りを $_4C_2$ 回余分に引いてしまっているのでそれを足します。すると3箱が空になっている $_4C_1$ 通りが余分に加えられているので，それを引きます。このようにしてから最後に，箱を区別しないことにすると，以上の値を4!で割ればいいわけで，結局，

$$\begin{Bmatrix} n \\ 4 \end{Bmatrix} = \frac{1}{4!}(4^n - 4 \times 3^n + 6 \times 2^n - 4)$$

$$\therefore \quad \begin{Bmatrix} 8 \\ 4 \end{Bmatrix} = 1701$$

これはΣを使って書くと，下のようになります。

$$\frac{1}{4!} \sum_{k=1}^{4} \binom{4}{k} k^8 (-1)^{4-k} = 1701$$

また同様に，$\begin{Bmatrix} n \\ m \end{Bmatrix} = \frac{1}{m!} \sum_{k=1}^{m} \binom{m}{k} k^n (-1)^{m-k}$ となります。

## コラム

### 『スターリング数と階乗べき』

第1種スターリング数は，上昇階乗べきを展開すると現われます。たとえば，6乗の場合は以下のようになります。

$$x(x+1)(x+2)(x+3)(x+4)(x+5)$$
$$=x^6+15x^5+85x^4+225x^3+274x^2+120x$$

ここで現われている係数は，左から順に，$\begin{bmatrix}6\\6\end{bmatrix}$, $\begin{bmatrix}6\\5\end{bmatrix}$, $\begin{bmatrix}6\\4\end{bmatrix}$, $\begin{bmatrix}6\\3\end{bmatrix}$, $\begin{bmatrix}6\\2\end{bmatrix}$, $\begin{bmatrix}6\\1\end{bmatrix}$ です。

第2種スターリング数は，累乗を下降階乗べきで表現するときに現われます。たとえば，6乗の場合は以下のようになります。

$$x^6 = x(x-1)(x-2)(x-3)(x-4)(x-5)$$
$$+15x(x-1)(x-2)(x-3)(x-4)$$
$$+65x(x-1)(x-2)(x-3)+90x(x-1)(x-2)$$
$$+31x(x-1)+x$$

ここで現われている係数は，左から順に，1, 15, 65, 90, 31, 1で，これは，$\begin{Bmatrix}6\\6\end{Bmatrix}$, $\begin{Bmatrix}6\\5\end{Bmatrix}$, $\begin{Bmatrix}6\\4\end{Bmatrix}$, $\begin{Bmatrix}6\\3\end{Bmatrix}$, $\begin{Bmatrix}6\\2\end{Bmatrix}$, $\begin{Bmatrix}6\\1\end{Bmatrix}$ です。

# Q23と24

## 『調和数』

### Q23 (その1：第1種スターリング数との不思議な関係)

調和数 $H_n$ は，下式の値です。

$$H_n = \sum_{k=1}^{n} \frac{1}{k} = 1 + \frac{1}{2} + \frac{1}{3} + \cdots + \frac{1}{n}$$

たとえば，$H_4 = \dfrac{25}{12}$ です。

ところで，調和数は第1種スターリング数で表わすことができます。調和数と第1種スターリング数とをつなげるその式は，どんな式でしょう？

### Q24 (その2：調和数の母関数)

調和数の母関数 $(H_1 x + H_2 x^2 + H_3 x^3 + \cdots)$ を閉じた式で表わすと，どんな式になるでしょう？

★どちらの問題も，人によっては超絶難問ですが……。

# A23

第1種スターリング数の漸化式より,
$$\begin{bmatrix} n+1 \\ 2 \end{bmatrix} = n \begin{bmatrix} n \\ 2 \end{bmatrix} + \begin{bmatrix} n \\ 1 \end{bmatrix} = n \begin{bmatrix} n \\ 2 \end{bmatrix} + (n-1)!$$

両辺に $\dfrac{1}{n!}$ をかけて,

$$\frac{1}{n!} \begin{bmatrix} n+1 \\ 2 \end{bmatrix} = \frac{1}{(n-1)!} \begin{bmatrix} n \\ 2 \end{bmatrix} + \frac{1}{n}$$

$$\frac{1}{(n-1)!} \begin{bmatrix} n \\ 2 \end{bmatrix} = \frac{1}{(n-2)!} \begin{bmatrix} n-1 \\ 2 \end{bmatrix} + \frac{1}{n-1}$$

……

$$\frac{1}{2!} \begin{bmatrix} 3 \\ 2 \end{bmatrix} = \frac{1}{1} \begin{bmatrix} 2 \\ 2 \end{bmatrix} + \frac{1}{2}$$

したがって,
$$\frac{1}{n!} \begin{bmatrix} n+1 \\ 2 \end{bmatrix} = \frac{1}{n} + \frac{1}{n-1} + \cdots + \frac{1}{2} + 1 = H_n$$

# A24

求める母関数を $H(x)$ とおき,$g(x) = H(x) - xH(x) = (1-x)H(x)$ とおくと,

$$g(x) = x + \frac{x^2}{2} + \frac{x^3}{3} + \frac{x^4}{4} + \frac{x^5}{5} + \frac{x^6}{6} + \cdots$$

$$g'(x) = 1 + x + x^2 + x^3 + \cdots = \frac{1}{1-x}$$

$$\therefore \quad g(x) = \ln\left(\frac{1}{1-x}\right) \qquad \text{(注)} \ln t \text{ は},\log_e t \text{ と同じ}$$

したがって,答えは,$\dfrac{1}{1-x} \ln\left(\dfrac{1}{1-x}\right)$

★ $x + \dfrac{x^2}{2} + \dfrac{x^3}{3} + \dfrac{x^4}{4} + \dfrac{x^5}{5} + \dfrac{x^6}{6} + \cdots$ を $(1-x)$ で割ると,

$$x + \left(1 + \frac{1}{2}\right)x^2 + \left(1 + \frac{1}{2} + \frac{1}{3}\right)x^3 + \cdots$$

となるのは,当然のこととはいえ,ちょっと感動的ですね。それほどでもないですか?

# Q25と26
## 『調和数』(その続き)

第1部 数

### Q25 (その3:調和数の和)

$\sum_{k=1}^{n-1} H_k$ の値は,$H_n$ を使って閉じた式で(Σを使わずに)表わすことができます。

さて,どのようになるのでしょう?


### Q26 (その4:調和数関連の和)

$\sum_{k=1}^{n} \frac{H_k}{k}$ の値は,$H_n$ と 2 階調和数 $H_n^{(2)}$ を使って閉じた式で表わすことができます。

さて,どのようになるのでしょう?

なお,2 階調和数 $H_n^{(2)}$ とは,以下の値です。

$$1 + \frac{1}{2^2} + \frac{1}{3^2} + \cdots + \frac{1}{n^2}$$

★これは意外な難問。解き方に気づいたとき,あなたは「なーんだ」と苦笑するでしょう。

# A25

$H_3$ までの和は，$1 + \left(1 + \dfrac{1}{2}\right) + \left(1 + \dfrac{1}{2} + \dfrac{1}{3}\right)$

つまり，$3 \times 1 + 2 \times \dfrac{1}{2} + 1 \times \dfrac{1}{3}$ です。

$H_n$ までの和は，同様に，

$$n \cdot 1 + (n-1)\dfrac{1}{2} + (n-2)\dfrac{1}{3} + \cdots + 1 \cdot \dfrac{1}{n}$$
$$= (n+1-1) \cdot 1 + (n+1-2)\dfrac{1}{2} + \cdots + (n+1-n)\dfrac{1}{n}$$
$$= (n+1)\left(1 + \dfrac{1}{2} + \cdots + \dfrac{1}{n}\right) - \left(1 + 2 \cdot \dfrac{1}{2} + \cdots + n\dfrac{1}{n}\right)$$
$$= (n+1)H_n - n$$

したがって，$\displaystyle\sum_{k=1}^{n-1} H_k = nH_n - n$

# A26

$H_n^2 = \left(1 + \dfrac{1}{2} + \dfrac{1}{3} + \cdots + \dfrac{1}{n}\right)^2$ は下式すべての合計です。

$$\boxed{1} + \dfrac{1}{2} + \dfrac{1}{3} + \cdots + \dfrac{1}{n}$$
$$\dfrac{1}{2} + \boxed{\dfrac{1}{2}\dfrac{1}{2}} + \dfrac{1}{2}\dfrac{1}{3} + \cdots + \dfrac{1}{2}\dfrac{1}{n}$$
$$\dfrac{1}{3} + \dfrac{1}{3}\dfrac{1}{2} + \boxed{\dfrac{1}{3}\dfrac{1}{3}} + \cdots + \dfrac{1}{3}\dfrac{1}{n}$$
$$\cdots\cdots$$
$$\dfrac{1}{n} + \dfrac{1}{n}\dfrac{1}{2} + \dfrac{1}{n}\dfrac{1}{3} + \cdots + \boxed{\dfrac{1}{n}\dfrac{1}{n}}$$

対角線の部分（アミカケ部分）の値の合計は $H_n^{(2)}$ です。

また，対角線を含む左下部分の合計は，求める答えで，対角線を含む右上部分の合計も同じです。

したがって，$\displaystyle\sum_{k=1}^{n} \dfrac{H_k}{k}$ の値は，$= \dfrac{1}{2}\left(H_n^2 + H_n^{(2)}\right)$

# Q27
## 『オイラーの調和数の恒等式』

下の2つの恒等式は，オイラー（Leonhard Euler, 1707 – 1783）によります。

$$H_n = \int_0^1 \frac{1-x^n}{1-x} dx$$

$$H_n = \sum_{k=1}^n (-1)^{k-1} \frac{1}{k} \binom{n}{k}$$

あなたはこれらを証明できますか？
なお，一目瞭然でしょうが，後者が本問のメインパートです。

★技巧に走るのが好きなオイラーらしいエレガントな等式ですね。

# A27

$$f(x) = x + \frac{x^2}{2} + \frac{x^3}{3} + \cdots + \frac{x^n}{n}$$

とおくと，

$$f'(x) = 1 + x + x^2 + \cdots + x^{n-1} = \frac{1-x^n}{1-x}$$

したがって，

$$H_n = f(1) - f(0) = \int_0^1 \frac{1-x^n}{1-x} dx$$

$x = 1 - u$ とおくことにより，

$$H_n = \int_0^1 \frac{1-x^n}{1-x} dx$$

$$= -\int_1^0 \frac{1-(1-u)^n}{u} du$$

$$= \int_0^1 \frac{1-(1-u)^n}{u} du$$

2項定理により，

$$= \int_0^1 \Big[ \sum_{k=1}^n (-1)^{k-1} \binom{n}{k} u^{k-1} \Big] du$$

$$= \sum_{k=1}^n (-1)^{k-1} \binom{n}{k} \int_0^1 u^{k-1} du$$

$$= \sum_{k=1}^n (-1)^{k-1} \frac{1}{k} \binom{n}{k}$$

★なお，オイラーは，下の恒等式も導いています．

$$\sum_{n=1}^\infty \frac{H_n}{n^2} = 2\zeta(3)$$

$\zeta(n)$ はゼータ関数とよばれる値で，$\zeta(n) = \sum_{k=1}^\infty \frac{1}{k^n}$ です．
$\zeta(3)$ については，後のページでまた登場します．

第 2 部

# 確率, 期待値

　確率や期待値の問題は，直感的な当てずっぽうの予想が大当たりだったり大外れだったりして，感覚的に捉えることができるようなできないような「奇怪な面」がある点がとくに面白いですね。そして，この側面が，ド・モルガンが以下のように述べた現象を生んでいるのでしょう。

　だれもが確率ではときに間違う。しかも大きな間違いをする。
――ド・モルガン (Augustus de Morgan, 1806-1871)

# Q28

## 『無限に儲かるゲーム？』
（母関数を使って遊ぶ）

　コイン1枚を何度も投げます。表が2回続けて出たら，コイン投げは終了です。投げた回数があなたの得点です。
（たとえば，「表，裏，裏，表，裏，表，表」だったなら7点。）
　あなたの得点の期待値は？

(1) これは見るからに簡単そうな問題で，実際，簡単に解けます。さて，答えは？

(2) 【こちらがメインの問題】
　計算を楽しむために，あえて (1) から離れましょう。
　ちょうど $n$ 投で終了する確率を $P_n$ とすると，得点の期待値は，下の無限級数の値です。

$$2P_2 + 3P_3 + 4P_4 + \cdots$$

　$P_n$ を求めてから，この値を計算してみましょう（この値の答えは (1) で求めていますが，(1) の結果を使わずに）。

# A28

(1)

求める期待値を $E$ とおきます。

1投目が裏なら,そのあと $E$ 投が期待できます。

1投目が表, 2投目が裏なら, そのあと $E$ 投が期待できます。

1投目も2投目も表なら, その2投で終わりです。

したがって, $E = \dfrac{1}{2}(1+E) + \dfrac{1}{4}(2+E) + \dfrac{1}{4} \cdot 2 = \dfrac{3}{4}E + \dfrac{3}{2}$

$\quad \therefore \quad E = 6$

(2)

まず, $n$ 投で終了する確率 $P_n$ を求めます。

2投で終わるとき以外の場合, 最後の3投は必ず「裏, 表, 表」です。ゆえに, コイン $(n-3)$ 枚を**表が2回以上連続せずに並べる方法**($A_{n-3}$ 通りとする)を $2^n$ で割った値が求める確率です。

$(n-3)$ 投目が裏の場合, その直前は裏でも表でもよくて, 残り $(n-4)$ 枚の並べ方は $A_{n-4}$ 通り。

$(n-3)$ 投目が表の場合, その直前は必ず裏でなければならないので, 残り $(n-4)$ 枚の並べ方は $A_{n-5}$ 通り。

したがって, $A_{n-3} = A_{n-4} + A_{n-5}$

これはフィボナッチ数列の漸化式ですね。

コインが1枚のときは, 表と裏の2通りが可能なので, $A_1 = 2$

コインが2枚のときは,「表裏」「裏表」「裏裏」の3通りが可能なので, $A_2 = 3$

$\quad A_3 = A_2 + A_1 = 5$

というわけで, フィボナッチ数列とは添え字が2つずれていて, $A_{n-3} = F_{n-1}$ で, 求める確率 $P_n$ は, $\dfrac{F_{n-1}}{2^n}$

したがって, 求める期待値は,

$$2\frac{F_1}{2^2}+3\frac{F_2}{2^3}+4\frac{F_3}{2^4}+\cdots$$

の値です.

Q 14 (『リュカ数とフィボナッチ数を母関数で』) で求めたように,

$$F(x)=F_0+F_1x+F_2x^2+F_3x^3+\cdots=\frac{x}{1-x-x^2}$$

$F(x)$ を $x$ で微分して,

$$F_1+2F_2x+3F_3x^2+\cdots=\frac{x^2+1}{(1-x-x^2)^2}$$

この両辺それぞれに, $x$ をかけて $F(x)$ を足して,

$$F_0+2F_1x+3F_2x^2+4F_3x^3+\cdots=\frac{x(x^2+1)}{(1-x-x^2)^2}+\frac{x}{1-x-x^2}$$

$x=\frac{1}{2}$ を代入して, 両辺を 2 で割って,

$$2\frac{F_1}{2^2}+3\frac{F_2}{2^3}+4\frac{F_3}{2^4}+\cdots=6$$

## おまけの問題・2

### 『テスト用紙作成』

100問の問題ストックの中から異なる20問をランダムに拾って，1回目のテスト用紙を作って，テストを行ないます。

2回目以降のテスト用紙も同様に作ります（使う問題は100問の問題ストック中から必ず選びます）。

（6回のテストを行なった後に）7回目のテストを行なうとき，そこで初めて出題される問題の割合の期待値は？

（答えは本ページ下にあります。）

答え

どの問題も，その問題が既に行なわれた6回のテストの中に1度も選ばれていない確率は，$\left(\dfrac{4}{5}\right)^6$

ゆえに，7回目のテストにおいて，初出問題の数の期待値は $\left(\dfrac{4}{5}\right)^6 \times 20$ で，初出問題の割合の期待値は，

$\left(\dfrac{4}{5}\right)^6 \times 20 \div 20 = \left(\dfrac{4}{5}\right)^6$ ［約 26.2144%］

# Q29
## 『$n$ 枚と ($n+1$) 枚のコイン』

A氏が $n$ 枚のコインを，B氏が ($n+1$) 枚のコインを投げます。表が出た枚数の多いほうが勝ちです。

(1) ［手ごろな難問］　B氏が勝つ確率は？

(2) ［人によっては超絶難問］　A氏が勝つ確率は？


★ちなみに，(1) はクリフォード・ピックオーバーの『数学のおもちゃ箱（下）』に書かれていた問題ですが，そこに (2) はありませんでした。(2) の解がわからなかったのかもしれませんね。──そう考えたら，「なにがなんでも解こう！」と思うでしょう？

(1)

「裏が出た枚数の多い人が勝ち」というルールだったなら，答えはどうなるでしょう？ 表と裏は，コインのどの絵柄の面をどう呼ぶかだけの問題なので，「裏が出た枚数の多い人が勝ち」でも答えは同じですね。

そこで下表が作れます。

(なお，以下では「B氏が相手よりも表が$\alpha$枚多い」を「B表$\alpha$」のように表記しています)

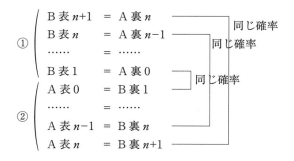

①の部分の合計が答えで，問題を「裏が出た枚数の多い人が勝ち」に変えたときの答えが②の部分の合計です。そして，①と②の値は同じなので，結局 (1) の答えは $\dfrac{1}{2}$ となります。

(2)

(1) より，A氏が勝つ確率と引き分けになる確率の和は $\dfrac{1}{2}$ です。そこで，まず引き分けになる確率 $P$ を求めます。

$$P = \frac{1}{2^{2n+1}} \sum_{k=0}^{n} \binom{n}{k}\binom{n+1}{k}$$

$$= \frac{1}{2^{2n+1}} \sum_{k=0}^{n} \binom{n}{n-k}\binom{n+1}{k}$$

$$= \frac{1}{2^{2n+1}} \binom{2n+1}{n} \quad [\text{Q6 の③のたたみ込みによる}]$$

したがって，A氏が勝つ確率は，$\dfrac{1}{2} - \dfrac{1}{2^{2n+1}}\dbinom{2n+1}{n}$

《参考》

| $n$ | A氏が勝つ確率 |
|---|---|
| 1 | $\dfrac{1}{8}$ |
| 2 | $\dfrac{3}{16}$ |
| 3 | $\dfrac{29}{128}$ |
| 4 | $\dfrac{65}{256}$ |
| 5 | $\dfrac{281}{1024}$ |

おまけの問題・3

## 『不公平なゲーム』

AとBがサイコロで1回戦勝負をします。

Aはサイコロ $n$ 個を同時に振り，出た目の最大値がAの得点です。Bはサイコロ1個を振り，出た目の値がBの得点です。得点の高い者が勝ちです。

(1) 引き分けになる確率は？
(2) Bが勝つ確率は？

★意外な答えかも。何が意外かは，解いてのお楽しみ。

(答えは本ページ下にあります。)

---

(1) の答え

Aが，6点となる確率は $\dfrac{6^n-5^n}{6^n}$，5点となる確率は $\dfrac{5^n-4^n}{6^n}$，…

Bが，6点となる確率は $\dfrac{1}{6}$，5点となる確率は $\dfrac{1}{6}$，…

したがって，引き分けとなる確率は，

$$\frac{1}{6}\cdot\frac{6^n-5^n}{6^n}+\frac{1}{6}\cdot\frac{5^n-4^n}{6^n}+\cdots+\frac{1}{6}\cdot\frac{2^n-1^n}{6^n}+\frac{1}{6}\cdot\frac{1^n}{6^n}=\frac{1}{6}$$

(2) の答え

Bが勝つのは，Aが5点でBが6点のとき，Aが4点でBが5点以上のとき，Aが3点でBが4点以上のとき，……

したがって，答えは，

$$\frac{5^n-4^n}{6^n}\cdot\frac{1}{6}+\frac{4^n-3^n}{6^n}\cdot\frac{2}{6}+\cdots+\frac{2^n-1^n}{6^n}\cdot\frac{4}{6}+\frac{1^n}{6^n}\cdot\frac{5}{6}$$
$$=\frac{5^n+4^n+3^n+2^n+1^n}{6^{n+1}}$$

# Q30
## 『3種のカードをそろえる』(一般解問題)

ある菓子の箱に，おまけとしてカードが必ず1枚入っています。カードにはAとBとCの3種類があり，Aが入っている確率は $a$，Bが入っている確率は $b$，Cが入っている確率は $c$，です（$a \neq 0$, $b \neq 0$, $c \neq 0$, $a+b+c=1$）。

その3種がそろうまでその菓子を買い続けるとします。

あなたが買う菓子の個数の期待値は？

この例（買った順に左から並んでいる）では5箱目で3種がそろっている。

# A30

1つ目がAだった場合,その後に買う箱数の期待値を $E$ とすると,

(1) 次のカードがAなら,その1枚のほかにさらに $E$ 枚買わねばならず,

(2) 次のカードがBなら,さらにその後Cが出るまでの箱数期待値は $\dfrac{1}{c}$(注),

(3) 次のカードがCなら,さらにその後Bが出るまでの箱数期待値は $\dfrac{1}{b}$

したがって,$E = a(1+E) + b\left(1+\dfrac{1}{c}\right) + c\left(1+\dfrac{1}{b}\right)$

$$\therefore\ E = \dfrac{1+\dfrac{c}{b}+\dfrac{b}{c}}{1-a} \quad \cdots\cdots ①$$

1つ目がBだった場合,同様に,$E = \dfrac{1+\dfrac{c}{a}+\dfrac{a}{c}}{1-b} \quad \cdots\cdots ②$

1つ目がCだった場合,同様に,$E = \dfrac{1+\dfrac{b}{a}+\dfrac{a}{b}}{1-c} \quad \cdots\cdots ③$

したがって,求める答えは,

$a(1+①) + b(1+②) + c(1+③)$
$= 1 + \dfrac{a}{1-a}\left(1+\dfrac{c}{b}+\dfrac{b}{c}\right) + \dfrac{b}{1-b}\left(1+\dfrac{c}{a}+\dfrac{a}{c}\right)$
$\quad + \dfrac{c}{1-c}\left(1+\dfrac{b}{a}+\dfrac{a}{b}\right)$
$= 1 + \dfrac{1}{a} + \dfrac{1}{b} + \dfrac{1}{c} - \dfrac{1}{1-a} - \dfrac{1}{1-b} - \dfrac{1}{1-c}$

(注)ある事象が,1回の試行で確率 $p$ で起こる場合,その事象が起こるまでの試行回数の期待値は $\dfrac{1}{p}$ です。

《補足説明:期待値を $E$ とおく。試行1回目で,$p$ の確率でその事象が起こり,そのときはその1回で終了。一方,試行1回目で,$(1-p)$ の確率でその事象は起こらず,そのときは,その1回に加えてさらに $E$ 回が必要。ゆえに,$E = p \times 1 + (1-p)(1+E)\ \therefore\ E = \dfrac{1}{p}$》

# Q31
## 『釣らなければならない魚の数』
### (一般解問題)

あなたは釣りをしています。魚を1匹釣り上げたときそれが $A$, $B$, $C$ である確率はその順に $a$, $b$, $c$ ($a \neq 0$, $b \neq 0$, $c \neq 0$, $a+b+c \leq 1$) です。

$A$, $B$, $C$ の3種を少なくとも1匹ずつ釣り上げるために，あなたが釣らなければならない魚の数の期待値は？

★一目瞭然ながら，前問にあった条件 $a+b+c=1$ が $a+b+c \leq 1$ に替わっているだけの問題です。なので，前問の解き方をほんの少し変更するだけで答えは得られますが，せっかくなので別の方法で解いてみましょう。

# A31

さて、まず、$A$ と $B$ の2種を少なくとも1匹ずつ釣るまでの魚数の期待値を求めてみます。

1回で $A$ か $B$ が釣れる確率は $a+b$ で、$A$ か $B$ が釣れるまでの魚数の期待値は $\dfrac{1}{a+b}$ です。

ここで、$A$ が釣れている確率は $\dfrac{a}{a+b}$ で、その後、$B$ が釣れるまでの魚数の期待値は $\dfrac{1}{b}$

一方、$B$ が釣れている確率は $\dfrac{b}{a+b}$ で、その後、$A$ が釣れるまでの魚数の期待値は $\dfrac{1}{a}$

したがって、($A$, $B$ 2種版の) 答えは、

$$\frac{1}{a+b} + \frac{a}{a+b}\cdot\frac{1}{b} + \frac{b}{a+b}\cdot\frac{1}{a} = \frac{1}{a+b}\left(1 + \frac{a}{b} + \frac{b}{a}\right)$$

$$= \frac{1}{a} + \frac{1}{b} - \frac{1}{a+b}$$

(この答えになるのは当然ですね。$A$ が釣れるまでの魚数の期待値 $\dfrac{1}{a}$ と、$B$ が釣れるまでの魚数の期待値 $\dfrac{1}{b}$ の和の中には、$A$ か $B$ が釣れるまでの魚数の期待値が重複しているので、和からそれを引けばいいのです。)

そして、本問の $A$, $B$, $C$ 3種の場合でも計算は同じ要領です。$A$ か $B$ か $C$ が釣れるまでの魚数の期待値は $\dfrac{1}{a+b+c}$ で、ここで $A$ が釣れている確率は $\dfrac{a}{a+b+c}$ で、……という具合で、結局答えは以下のようになります。

$$\frac{1}{a+b+c} + \frac{a}{a+b+c}\left(\frac{1}{b}+\frac{1}{c}-\frac{1}{b+c}\right) + \frac{b}{a+b+c}\left(\frac{1}{a}+\frac{1}{c}-\frac{1}{a+c}\right)$$
$$+ \frac{c}{a+b+c}\left(\frac{1}{a}+\frac{1}{b}-\frac{1}{a+b}\right)$$
$$= \frac{1}{a}+\frac{1}{b}+\frac{1}{c} - \frac{1}{a+b} - \frac{1}{a+c} - \frac{1}{b+c} + \frac{1}{a+b+c}$$

(答えがこのようになる理由もわかりますね。なお、ここに現われている現象[の背後にある原理]を包除原理[inclusion-exclusion principle］といいます。この原理は A22 の最後にも現われていましたね。）

［追記］

　本問があれば，前問を置く必要はないのですが（本問の答えに $a+b+c=1$ を代入すれば，前問の答えになります），上記解説を読んで「これ，ほんとに正しいの？」と悩む読者が多少いるかもしれないので，別問として，よりわかりやすい前問の解説を置いた次第です。

## おまけの問題・4

### 『前回と同じ係』

A係3人，B係4人，C係5人がいます。

この12人の中で，係の再振り分けをランダムに行ないます。

「前回と同じ係になる人」の人数の期待値は？

（答えは本ページ下にあります。）

答え

A係のひとりが再び同じ係になる確率は $\frac{3}{12}$ で，A係は3人いるので，再びA係になる人数の期待値は，$\frac{3}{12} \times 3$

これとB係，C係の期待値を合わせると，

$$\frac{3}{12} \times 3 + \frac{4}{12} \times 4 + \frac{5}{12} \times 5 = \frac{25}{6}$$

# Q32
## 『カードの最小値が得点』(有名問題)

$n$ 枚のカードがあり,各カードにそれぞれ異なる数が書いてあります($1〜n$)。

あなたは $m$ 枚のカードをランダムにめくります($m \leq n$)。その $m$ 枚中の数の最小値があなたの得点です。

あなたの得点の期待値は?

$n=6$, $m=2$のときの例。このときあなたの得点は2点

★答えはまったく単純な値なので,あなたは解いたあとで目を丸くするでしょう。

# A32

$n$ 枚から $m$ 枚取る組み合わせは,$\binom{n}{m}$ 通り。

1 点となるのは,$\binom{n}{m} - \binom{n-1}{m}$ 通り。

2 点となるのは,$\binom{n-1}{m} - \binom{n-2}{m}$ 通り。

……

$(n+1-m)$ 点となるのは,$\binom{m}{m}$ 通り。

したがって,期待値は,

$\left[ 1 \cdot \left\{ \binom{n}{m} - \binom{n-1}{m} \right\} + 2 \cdot \left\{ \binom{n-1}{m} - \binom{n-2}{m} \right\} + \cdots \right.$
$\left. + (n+1-m) \cdot \binom{m}{m} \right] \div \binom{n}{m}$

$= \left\{ \binom{n}{m} + \binom{n-1}{m} + \binom{n-2}{m} + \cdots + \binom{m}{m} \right\} \div \binom{n}{m}$

$= \binom{n+1}{m+1} \div \binom{n}{m}$  [Q 6 の④より]

$= \dfrac{(n+1)!}{(m+1)!(n-m)!} \div \dfrac{n!}{m!(n-m)!}$

$= \dfrac{n+1}{m+1}$

# Q33

## 『「紅 + 紅」のペア』
### (その1：基本レベルの難問)

　紅玉6個，白玉6個があります。

　それら12個からランダムに選んだ2個ずつでペアを6組作ります。すると「紅 + 紅」のペアが何組かできるわけです（0組の場合もあります）。

　さて，「紅 + 紅」の組数の期待値は？

# A33

　全組み合わせは，$\dfrac{12!}{2^6 \times 6!} = 10395$（通り）

「紅 + 紅」が0組となるのは，$6! = 720$（通り）

「紅 + 紅」が1組となるのは，$({}_6C_2)^2 \times 4! = 5400$（通り）

「紅 + 紅」が2組となるのは，$({}_6C_4 \times 3)^2 \times 2 = 4050$（通り）

「紅 + 紅」が3組となるのは，$\left(\dfrac{6!}{2^3 \times 3!}\right)^2 = 225$（通り）

　したがって，「紅 + 紅」の組数の期待値 $E$ は，

$$E = \dfrac{1}{10395}(1 \times 5400 + 2 \times 4050 + 3 \times 225)$$
$$= \dfrac{15}{11}$$

★上記よりも簡単な解き方があります。それについてはQ35で。

# Q34と35
## 『「紅 + 紅」のペア』
### （その2：一般解問題）

紅玉 $n$ 個，白玉 $n$ 個があります。$2n$ 個の中から玉を2つずつランダムに取って，2つ1組のペアを $n$ 組作ります。

### Q 34

「紅 + 紅」の組が $k$ 組となる確率は？（$k$ は当然ながら，$n$ が偶数なら $0 \leq k \leq \dfrac{n}{2}$，$n$ が奇数なら $0 \leq k \leq \dfrac{n-1}{2}$）

### Q 35

「紅 + 紅」の組数の期待値は？

# A34

全組み合わせは，$\dfrac{(2n)!}{2^n n!}$

「紅 + 紅」の組が $k$ 組となる組み合わせは，$\left(\dfrac{{}_nC_{2k}(2k)!}{2^k k!}\right)^2 (n-2k)!$

したがって，「紅 + 紅」の組が $k$ 組となる確率は，

$$\left(\dfrac{{}_nC_{2k}(2k)!}{2^k k!}\right)^2 (n-2k)! \dfrac{2^n n!}{(2n)!}$$
$$= \dfrac{(n!)^3 2^{n-2k}}{(k!)^2 (2n)!(n-2k)!}$$

# A35

ある紅1個の相棒（ペアのもう片方）として，紅がくる確率は $\dfrac{n-1}{2n-1}$

紅は全部で $n$ あるので「紅 + 紅」の組数の期待値は $\dfrac{n(n-1)}{2n-1}$ となるが，これでは「紅Aの相棒として紅Bがくるケース」と「紅Bの相棒として紅Aがくるケース」を重複して数えている（AとBは任意なので結局，答えの2倍の値になっている）ので，2で割って，答えは，$\dfrac{n(n-1)}{2(2n-1)}$

★たとえば，紅10個，白10個のときは，「紅 + 紅」の組数の期待値は，

$$\dfrac{n(n-1)}{2(2n-1)} = \dfrac{45}{19}$$

またQ33の，紅6個，白6個のときは，

$$\dfrac{n(n-1)}{2(2n-1)} = \dfrac{15}{11}$$

# Q36

## 『ニジマス釣り』(一般解問題)

　あなた専用の釣り堀に $m$ 匹の魚がいます。そのうちの $n$ 匹がニジマスです（$m \geq n$, $n \neq 0$）。あなたはここで魚釣りをし，釣った魚は釣り堀に戻しません。魚はランダムな順で（コンスタントに）釣れます。

　ニジマスが初めて釣れるまでにあなたが釣る魚数の期待値は？

★単純で美しい超絶難問？　答えは，かなり意外な値です。

ニジマスは，最も早くて1匹目，最も遅くて $m-n+1$ 匹目に釣れます。

$k$ 匹目で初めて釣れる場合，残り $m-k$ 匹中にニジマスが $n-1$ 匹いるので，$k$ 匹目で初めてニジマスが釣れる確率は，
$$\binom{m-k}{n-1}\bigg/\binom{m}{n} \quad (*)$$
したがって，釣る魚数の期待値 $E$ は，
$$E = \sum_{k=1}^{m-n+1} k\binom{m-k}{n-1}\bigg/\binom{m}{n}$$
$$= \binom{m+1}{n+1}\bigg/\binom{m}{n} \quad [\text{Q 9 <2> より}]$$
$$= \frac{m+1}{n+1}$$

(*) この部分は以下のように考えるとよいでしょう。$m$ 個のボールを並べる際，$n$ 個のニジマスボールの置き方は $\binom{m}{n}$ 通り。左から $k$ 番目に初めてニジマスボールをおく並べ方は $\binom{m-k}{n-1}$ 通り。

# Q37
## 『当たりをすべて取り出す』(一般解問題)

箱の中に $m$ 個のボールがあります（箱の中は見えません）。$n$ 個が赤く，残りは白です（$m \geq n,\ n \neq 0$）。

あなたは1個ずつボールを取り出します。取り出したボールは箱に戻しません。

赤いボールをすべて取り出すまでにあなたが取り出すボールの個数の期待値は？

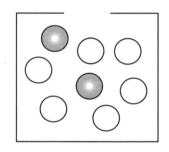

★おぞましいほどの超絶難問？

$k$ 個目ですべて取り出す場合，最後は赤なので，$k-1$ 回で $n-1$ 個の赤を取り出しています．したがって，$k$ 回目ですべての赤を取り出す確率は，$\binom{k-1}{n-1} \Big/ \binom{m}{n}$

ゆえに，求める期待値 $E$ は，

$$E = \sum_{k=n}^{m} k\binom{k-1}{n-1} \Big/ \binom{m}{n}$$

$k\binom{k-1}{n-1} = n\binom{k}{n}$ なので，

$$= \sum_{k=n}^{m} n\binom{k}{n} \Big/ \binom{m}{n}$$
$$= n\binom{m+1}{n+1} \Big/ \binom{m}{n} \quad \text{[Q 6 の④より]}$$
$$= \frac{n(m+1)}{n+1}$$

［別の解き方］

求める期待値 $= m -$ (前問の答え $-1$)

$$= m - \frac{m+1}{n+1} + 1$$
$$= \frac{n(m+1)}{n+1}$$

★たとえば，ボールが 8 個で，そのうちの 2 個が赤なら，赤をすべて取り出すまでに取り出すボールの個数の期待値は 6 個です．

# Q38
## 『$m$ 枚のカードから $n$ 枚取り出す』
### （一般解問題）

　$m$ 枚のカードがあり，各カードにはそれぞれ異なる数字（1〜$m$）が書いてあります。

　そこからあなたはランダムに $n$ 枚取り出します（$n \geq 2$，$m \geq n$）。カードに書かれている数の最大値と最小値の差が，あなたの得点です。

　さて，あなたの得点の期待値は？


★まごうことなき超絶難問ですね。「あとはこれを計算するだけ」となってからが難しい？

最低点 $n-1$ から最高点 $m-1$ まで，それぞれの得点となる確率は下表のとおり。

| 得点 | 確率 |
|---|---|
| $n-1$ | $\binom{n-2}{n-2} \cdot (m-n+1) \div \binom{m}{n}$ |
| $(n-1)+1$ | $\binom{n-2+1}{n-2} \cdot (m-n+1-1) \div \binom{m}{n}$ |
| $(n-1)+2$ | $\binom{n-2+2}{n-2} \cdot (m-n+1-2) \div \binom{m}{n}$ |
| ⋮ | ⋮ |
| $m-1$ | $\binom{m-2}{n-2} \cdot 1 \div \binom{m}{n}$ |

したがって，答えは，
$$\sum_{k=0}^{m-n} (n-1+k) \binom{n-2+k}{n-2} (m-n+1-k) \div \binom{m}{n}$$

$(n-1+k)\binom{n-2+k}{n-2} = (n-1)\binom{n-1+k}{n-1}$ なので，$(n-1) \div \binom{m}{n}$ をあとからかけることにすると，残りの部分は，

$$\sum_{k=0}^{m-n} (m-n+1-k) \binom{n-1+k}{n-1}$$

これはQ 9<2>と同様の計算で，$\binom{m+1}{n+1}$

したがって，答えは，

$$\binom{m+1}{n+1} \times (n-1) \div \binom{m}{n} = \frac{(m+1)(n-1)}{n+1}$$

# Q39
## 『ランダム着席・2人用テーブル』
### （一般解問題）

あるカフェにテーブルが $m$ 個あり，どのテーブルにも2つの席があります（2人が着席した時点でそのテーブルは埋まる）。

ここに $n$ 人の客が来て，ランダムに席に着きます（$2m \geq n$）。

埋まるテーブル数の期待値は？

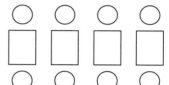

★おぞましい超絶難問に見えますか？


# Q40
## 『ランダム着席・3人用テーブル』
### （一般解問題）

あるカフェにテーブルが $m$ 個あり，どのテーブルにも3つの席があります（3人が着席した時点でそのテーブルは埋まる）。

ここに $n$ 人の客が来て，ランダムに席に着きます（$3m \geq n$）。

埋まるテーブルの期待値は？

★見かけだけではない超絶難問？

# A39

ある人Aにとって、残る $n-1$ 人のそれぞれがAと同じテーブルに着く確率は $\dfrac{1}{2m-1}$ なので、Aの前に人が着席する確率は $\dfrac{n-1}{2m-1}$

だれにとってもこの確率は同じなので、$n$ 人分の合計で、埋まるテーブル数の期待値は、$\dfrac{n(n-1)}{2m-1}$

ただし、これではテーブル数を2倍に数えている（Aの前にBが来る場合と、Bの前にAが来る場合等を重複して数えている、等々）ので、2で割って、結局答えは、$\dfrac{n(n-1)}{2(2m-1)}$

# A40

ある人Aにとって、同じテーブルに来る候補の2人は $_{n-1}C_2$ 通り。

そのうちの1人目が同じテーブルに着く確率は $\dfrac{2}{3m-1}$

そのうちの2人目が同じテーブルに着く確率は $\dfrac{1}{3m-2}$

全部で $n$ 人いて、期待値は $n$ 倍で、かつ、3人でテーブルが埋まるので $\dfrac{1}{3}$ 倍。

したがって、答えは、

$$_{n-1}C_2 \times \dfrac{2}{3m-1} \times \dfrac{1}{3m-2} \times n \times \dfrac{1}{3}$$
$$= \dfrac{n(n-1)(n-2)}{3(3m-1)(3m-2)}$$

★『ランダム着席・$k$ 人用テーブル』

どのテーブルにも $k$ 個の席があるのなら、埋まるテーブルの期待値は、同様に計算して、$\dfrac{_nP_k}{k \cdot {}_{km-1}P_{k-1}}$ ですね。

# Q41
## 『ベイズ推定・限定空間版』(その1)

　あなた専用の釣り堀に，魚が10匹います（あなたが釣っている間に魚は増えません）。どんな種類の魚がいるかはまったく不明です。

　1匹釣ったら鮎でした。

　ベイズの定理を使って考えた場合，釣り堀の中には，釣った1匹も含めて何匹の鮎がいると考えられる？（ただし，鮎が何匹いるかは，1～10のどの値である可能性も同じと考えます。）

　また，2匹目を釣った場合，それが鮎である確率は？

# A41

ベイズの定理より，下の式が成立します。
「釣った1匹が鮎であったときの，鮎の割合」=「鮎の割合（$p$）」×「鮎の割合が$p$であるときに釣った1匹が鮎である確率」÷「釣った1匹が鮎である確率」

全魚数を$m$とします。

まず分母の部分の計算――「釣った1匹が鮎である確率」は，鮎が1匹なら$\frac{1}{m}$，鮎が2匹なら$\frac{2}{m}$，……で，何匹いるかの可能性は1～$m$までどれも同じなので，その平均値は，

$$\left(\frac{1}{m} + \frac{2}{m} + \cdots + \frac{m}{m}\right) \div m = \frac{m+1}{2m} \quad \cdots\cdots ①$$

次は分子の部分の計算――鮎は1～$m$までの可能性があるので，分子の平均値は，

$$\left\{\left(\frac{1}{m}\right)^2 + \left(\frac{2}{m}\right)^2 + \cdots + \left(\frac{m}{m}\right)^2\right\} \div m = \frac{1}{m^3} \cdot \frac{1}{6} m(m+1)(2m+1) \cdots\cdots ②$$

したがって，「釣った1匹が鮎であったときの，鮎の割合」（の推定値）は，②÷①で，

$$\frac{2m+1}{3m} \quad (*)$$

本問では，$m = 10$なので，$\frac{2m+1}{3m} = \frac{7}{10}$

したがって，釣った1匹も含めると鮎の推定値は7匹。

(*) $m \to \infty$なら（つまり，釣り堀に非常に多くの魚がいるなら），$\frac{2m+1}{3m} \to \frac{2}{3}$となり，ラプラスの継起の法則（rule of succession）［後のページで出題］で得られる値と一致します。

また，2匹目を釣った場合，それが鮎である確率は，$\frac{7-1}{10-1} = \frac{2}{3}$

★魚の総数が10ではなく7なら鮎の総数は5で，魚13なら鮎9，魚

14 なら鮎 $\frac{29}{3}$ となり,いずれの場合でも,2匹目を釣った場合,それが鮎である確率は, $\frac{2}{3}$ です。

$\left(\frac{2m+1}{3} - 1\right) \div (m-1) = \frac{2}{3}$ なので,その値になるのは当然ですが,面白いですね——継起の法則の値と一致する点は特に。

おまけの問題・5

## 『シーラカンス捕獲できず！』

太平洋のある水域での話です。

その水域で調査隊がシーラカンスに遭遇できる確率は，日によって異なり0〜75％（値はランダムに決まる）。遭遇した際に捕獲できる確率は80％です。

ある日，調査隊が捕獲に出かけ，シーラカンスを携えずに戻ってきました。

調査隊がシーラカンスに遭遇できた確率は？

（答えは本ページ下にあります。）

---

答え

その日に遭遇できる確率を $x$ とします。

遭遇できない確率は $1-x$  ……①

遭遇できたのに捕獲できない確率は $\dfrac{1}{5}x$  ……②

したがって，捕獲できない全確率のうちの「遭遇できたのに捕獲できない確率」の割合は，②÷(①+②)$= \dfrac{x}{5-4x}$

$x$ が0から0.75に変わっていくときのこの値の平均値が答えで，

$$\frac{1}{0.75}\int_0^{0.75} \frac{x}{5-4x}dx = \left[\frac{1}{16}(5-4x) - \frac{5}{16}\ln(5-4x)\right]_0^{0.75}$$
$$= \frac{1}{12}\left(5\ln\left(\frac{5}{2}\right) - 3\right) \approx 0.13179$$

（注）≈は≒と同じ意。

# Q42
## 『ベイズ推定・限定空間版』(その2)

あなた専用の釣り堀に，魚が10匹います（あなたが釣っている間に魚は増えません）。どんな種類の魚がいるかはまったく不明です。

2匹釣ったら，2匹とも鮎でした。

ベイズの定理を使って考えた場合，釣り堀の中には，釣った2匹も含めて何匹の鮎がいると考えられる？

（ただし，鮎が何匹いるかは，2〜10のどの値である可能性も同じと考えます。）

◆実際にあなたが釣りをして，釣った2匹がどちらも鮎だったなら，あなたは「この釣り堀の魚のほとんどは鮎なんじゃないかな」と直感的に思うでしょうね。はたして，計算で導く推定値は，直感と同じような値になるのでしょうか？

# A42

ベイズの定理より,下の式が成立します。

「2匹とも鮎が釣れたときの,鮎の割合」=「鮎の割合($p$)」×「鮎の割合が$p$であるときに釣った2匹が鮎となる確率」÷「2匹とも鮎が釣れる確率」

全魚数を$m$とします。

まず分母の部分の計算——「2匹とも鮎が釣れる確率」の平均値は,

$$\left\{\frac{2}{m}\left(\frac{1}{m-1}\right) + \frac{3}{m}\left(\frac{2}{m-1}\right) + \cdots\cdots + \frac{m}{m}\left(\frac{m-1}{m-1}\right)\right\} \div (m-1)$$

$$= \frac{m+1}{3(m-1)} \quad \cdots\cdots ①$$

次は分子の部分の計算——分子の平均値は,

$$\left(\frac{2}{m}\cdot\frac{2}{m}\cdot\frac{1}{m-1} + \frac{3}{m}\cdot\frac{3}{m}\cdot\frac{2}{m-1} + \cdots\cdots + \frac{m}{m}\cdot\frac{m}{m}\cdot\frac{m-1}{m-1}\right)$$

$$\div (m-1) = \frac{(m+1)(3m+2)}{12m(m-1)} \quad \cdots\cdots ②$$

したがって,「2匹とも鮎が釣れたときの,鮎の割合」(の推定値)は,②÷①で,

$$\frac{3m+2}{4m} \quad (*)$$

本問では,$m=10$なので,$\dfrac{3m+2}{4m} = \dfrac{8}{10}$

したがって,釣った2匹も含めると鮎の推定値は8匹。

(*) $m \to \infty$なら(つまり,釣り堀に非常に多くの魚がいるなら), $\dfrac{3m+2}{4m} \to \dfrac{3}{4}$となり,ラプラスの継起の法則で得られる値と一致します。

★さらに3匹目を釣ったらそれが鮎である確率は $\frac{8-2}{10-2} = \frac{3}{4}$ で，継起の法則の値と同じです。

### 《追加問題》

さて，ここまで計算したら，当然ながら「釣った3匹がすべて鮎だったなら？」と誰もが考えるでしょう。では，その答えは？（答えは次のページにあります。）

**《追加問題の答え》**

全魚数が $m$ 匹で,「釣った3匹がすべて鮎だったときの, 鮎の割合」（の推定値）は,

分子が, $\dfrac{1}{m-2} \cdot \displaystyle\sum_{k=3}^{m} \left(\dfrac{k}{m}\right)^2 \left(\dfrac{k-1}{m-1}\right)\left(\dfrac{k-2}{m-2}\right)$

分母が, $\dfrac{1}{m-2} \cdot \displaystyle\sum_{k=3}^{m} \left(\dfrac{k}{m}\right) \left(\dfrac{k-1}{m-1}\right)\left(\dfrac{k-2}{m-2}\right)$

分子÷分母 $= \dfrac{4m+3}{5m}$

つまり, たとえば魚が全部で10匹なら, 鮎の推定値は8.6匹で（確率の値なので整数にならなくてもしかたありませんね）, またたとえば魚が全部で13匹なら, 鮎の推定値は11匹です。

# Q43

## 『鳥の園』（ベイズ推定・その3）

鳥類園の巨大な鳥かごの中で，あなたは鳥にランダムに会います。
そこには白鳥と黒鳥が合計で 18 羽います。どの割合かは不明で，どの値である可能性も同じと考えます。

(1) あなたは白鳥と黒鳥それぞれ 1 羽に会いました。会った順番は白鳥が先で，黒鳥が後です。白鳥と黒鳥は，それぞれ何羽いると推定される？
《答えは，直感的には 9 羽ずつの気もするし，そうでない気もしますね。》

(2) 1 羽目が白鳥，2 羽目も白鳥，3 羽目は黒鳥だったなら，白鳥と黒鳥はそれぞれ何羽いると推定される？

# A43

(1)

鳥の総数を $m$,白鳥の数を $k$ とすると,「1番目に白鳥,2番目に黒鳥に会った場合の白鳥の割合」は——。

まず分母にあたる部分は,

$$\frac{1}{m-1} \cdot \sum_{k=1}^{m-1} \left(\frac{k}{m}\right)\left(\frac{m-k}{m-1}\right) = \frac{m+1}{6(m-1)} \quad \cdots\cdots ①$$

分子にあたる部分は,

$$\frac{1}{m-1} \cdot \sum_{k=1}^{m-1} \left(\frac{k}{m}\right)^2 \left(\frac{m-k}{m-1}\right) = \frac{m+1}{12(m-1)} \quad \cdots\cdots ②$$

したがって,「1番目に白鳥,2番目に黒鳥に会ったときの白鳥の割合」は②÷①で,$\frac{1}{2}$

ゆえに,白鳥も黒鳥も9羽ずつ。

★「1番目に黒鳥,2番目に白鳥」だったとしても,答えは同じです。

(2)

「1羽目が白鳥,2羽目も白鳥,3羽目は黒鳥だったときの白鳥の割合」は——。

まず分母にあたる部分は,

$$\frac{1}{m-2} \cdot \sum_{k=2}^{m-1} \left(\frac{k}{m}\right)\left(\frac{k-1}{m-1}\right)\left(\frac{m-k}{m-2}\right) = \frac{m+1}{12(m-2)} \quad \cdots\cdots ①$$

分子にあたる部分は,

$$\frac{1}{m-2} \cdot \sum_{k=2}^{m-1} \left(\frac{k}{m}\right)^2 \left(\frac{k-1}{m-1}\right)\left(\frac{m-k}{m-2}\right) = \frac{(m+1)(3m+1)}{60m(m-2)} \quad \cdots\cdots ②$$

したがって,「1羽目が白鳥,2羽目も白鳥,3羽目は黒鳥だったときの白鳥の割合」は,②÷①で,$\frac{3m+1}{5m}$

本問では $m=18$ なので，$\dfrac{3m+1}{5m} = \dfrac{11}{18}$

したがって，白鳥 11 羽，黒鳥 7 羽。

★計算式から自明なように，黒鳥に会うのが 3 羽中の何番目であろうと，答えは同じです。

おまけの問題・6

# 『$n$ 枚のカードめくり』

$n$ 枚のカードがあり,各カードにはそれぞれ異なる数字($1$〜$n$)が書いてあります。

伏せてあるカードを1枚ずつランダムにめくります。めくったカードの数字が直前にめくったカードの数字よりも1だけ大きいとき,1ポイント獲得。

全カードをめくり終えたときの,トータルポイントの期待値は?

$$\boxed{1}\ \boxed{3}\ \boxed{4}\ \boxed{5}\ \boxed{2}$$

これは5枚のときの1例(めくった順に左から並べてある)。この例では2ポイント。

(答えは本ページ下にあります。)

---

答え

連続した2枚のカードのうちの1枚目のカードが1で,2枚目に(残り $n-1$ 枚中から)2が出る確率は,$\dfrac{1}{n}\cdot\dfrac{1}{n-1}$

1枚目が2のときも,$n-1$ のときも同様。1枚目が $n$ のときのみポイント獲得は不可能。

したがって,連続した2枚のカードの2枚目で獲得するポイントの期待値は,
$$\dfrac{1}{n}\cdot\dfrac{1}{n-1}\cdot(n-1)$$
ポイント獲得の機会は全部で $n-1$ 回あるので,答えは,
$$\dfrac{1}{n}\cdot\dfrac{1}{n-1}\cdot(n-1)\cdot(n-1)=\dfrac{n-1}{n}$$

★難問に見えたかもしれませんが,解いてみたら簡単で笑えましたか?

# Q44

## 『不思議な双六』

　スタート地点の左隣のマスがゴールです。スタート地点の右側には空きマスが無限に続いています。コイントスをして表なら左に1マス、裏なら右に1マス進みます。ゴールにたどり着くまで、何度もコイントスを行ないます。

　さて、ゴールにたどり着くまでのコイントス回数の期待値は？

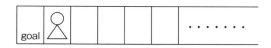

（もちろん、1回のトスでゴールにたどり着く確率は $\frac{1}{2}$、3回のトスでゴールにたどり着くのは「裏、表、表」のときのみで、その確率は $\frac{1}{8}$ です。）

★この双六はQ10『カタラン数』で登場しましたね。カタラン数を使っても解けますが、使わずに解いてみましょう。

# A44

下図のように,右側の $n$ マス目にもゴールがあるとします。この場合に,どちらかのゴールにたどり着く期待値をまず求めます。

```
       0   1   2   3   4        n-1  n
     ┌───┬───┬───┬───┬───┬───────┬───┐
goal │ 人 │   │   │   │   │ ・・・・・・ │   │ goal
     └───┴───┴───┴───┴───┴───────┴───┘
```

$i$ のマスにいるときの「ゴールにたどり着くまでのトス回数の期待値」を $E_i$ とします。

0 のマスのとき,表が出ればその 1 投で終わりで,裏が出たらその 1 投とさらに $E_1$ 投が必要ですから,

$$E_0 = \frac{1}{2} \cdot 1 + \frac{1}{2}(1 + E_1) = 1 + \frac{1}{2}E_1 \quad \cdots\cdots ①$$

$$E_1 = \frac{1}{2}(1 + E_0) + \frac{1}{2}(1 + E_2) = 1 + \frac{1}{2}E_0 + \frac{1}{2}E_2$$

$$E_2 = 1 + \frac{1}{2}E_1 + \frac{1}{2}E_3$$

……

$$E_{n-2} = 1 + \frac{1}{2}E_{n-3} + \frac{1}{2}E_{n-1}$$

以上をすべて足して,整理すると,

$$0 = n - 1 + \frac{1}{2}(-E_{n-2} + E_{n-1} - E_0)$$

$E_{n-1} = E_0$, $E_{n-2} = E_1$ なので, $\frac{1}{2}E_1 = n - 1$

これと①より,$E_0 = n$

つまり,右側の $n$ マス目にもゴールがある場合は,コイントス回数の期待値は $n$ 回です(たとえば,右側 100 万マス目にもゴールがあるなら,左か右のゴールにたどり着くまでのトス回数の期待値は 100 万回です)。

本問では,右側のゴールが無限の彼方($n = \infty$)ですから,ゴールにたどり着くまでのトス回数の期待値は無限回となります。

# Q45
## 『コイントスの賭け』

（コイントス係が）コイントスを何度も行ないます。何投目からでも，「表，表，表」の3連続と，「裏，表，表」の3連続で，前者が先に出たらAの勝ち，後者が先に出たらBの勝ちです。

(1) Bが勝つ確率は？

(2) いつまでたっても勝敗が決まらない確率は？
（この答えは，直感的には0ですが，ほんとにそうですか？）

(3) 勝敗がつくまでのコイントス回数の期待値は？

# A45

以下では,表を1,裏を0と表わします。

(1)

Bが勝つ確率を $P$ とおき,さらに,$n$ が出たあとでBが勝つ確率を $P_n$ とおきます。

$$P = \frac{1}{2}P_0 + \frac{1}{2}P_1$$

$$P_0 = \frac{1}{2}P_{00} + \frac{1}{2}P_{01} = \frac{1}{2}P_0 + \frac{1}{2}P_{01} \quad \cdots\cdots ①$$

(なぜなら,00が出たときの状況は,0が出た状況と同じ)

$$P_1 = \frac{1}{2}P_{10} + \frac{1}{2}P_{11} = \frac{1}{2}P_0 + \frac{1}{2}P_{11}$$

$$P_{01} = \frac{1}{2}P_{010} + \frac{1}{2}P_{011} = \frac{1}{2}P_0 + \frac{1}{2}\cdot 1 \quad \cdots\cdots ②$$

$$P_{11} = \frac{1}{2}P_{110} + \frac{1}{2}P_{111} = \frac{1}{2}P_0 + \frac{1}{2}\cdot 0$$

以上を解いて(①より $P_0 = P_{01}$ で,②より $P_0 = 1$,等々で),$P = \frac{7}{8}$

(2)

Aが勝つ確率を考えます。

もしも1投目が裏なら,その後表が2連続したらBが勝ってしまうので,Bが勝つ前に裏が出なければなりません。そして,裏が出たら,その後表が2連続したらBが勝ってしまうので……と永久に続きます。したがって,Aが勝つためには,1投目は表でなければなりません。そして,2投目,3投目も同様です。

ゆえに,Aが勝つのは1投目から表が3連続するときのみで,その確率は $\frac{1}{8}$ です。

したがって,AとBがそれぞれ勝つ確率の和は1となりますから,いつまでたっても勝敗が決まらない確率は0です。

(3)

求める期待値を $E$ とおき,さらに,$n$ が出たあとの回数の期待値

を $E_n$ とおきます。

$$E = \frac{1}{2}E_0 + \frac{1}{2}E_1 + 1$$

$$E_0 = \frac{1}{2}E_{00} + \frac{1}{2}E_{01} + 1 = \frac{1}{2}E_0 + \frac{1}{2}E_{01} + 1$$

$$E_1 = \frac{1}{2}E_{10} + \frac{1}{2}E_{11} + 1 = \frac{1}{2}E_0 + \frac{1}{2}E_{11} + 1$$

$$E_{01} = \frac{1}{2}E_{010} + \frac{1}{2}E_{011} + 1 = \frac{1}{2}E_0 + \frac{1}{2}\cdot 0 + 1$$

$$E_{11} = \frac{1}{2}E_{110} + \frac{1}{2}E_{111} + 1 = \frac{1}{2}E_0 + \frac{1}{2}\cdot 0 + 1$$

以上を解いて，$E = 7$

**コラム**

## 『「コイントスの賭け」の面白い性質』

　前問の「コイントスの賭け」には，面白いことに，ジャンケンのような性質が見られます。
（もちろん，以下で「▲に賭ける」とは，ずっと繰り返されるコイントスにおいて「▲のパターンが，相手のパターンよりも先に出ることに賭ける」の意です。）

① Aが「表，表，裏」に賭け，Bが「裏，表，表」に賭けるのなら，Bのほうが勝ちやすく，
② Aが「裏，表，表」に賭け，Bが「裏，裏，表」に賭けるのなら，Bのほうが勝ちやすく，
③ Aが「裏，裏，表」に賭け，Bが「表，裏，裏」に賭けるのなら，Bのほうが勝ちやすく，
④ Aが「表，裏，裏」に賭け，Bが「表，表，裏」に賭けるのなら，Bのほうが勝ちやすいのです。

　つまり，上記は4種ジャンケンのような循環型の優劣関係になっています。

　ちなみに，上記それぞれでBが勝つ確率は，以下のとおりです。

① $\frac{3}{4}$　② $\frac{2}{3}$　③ $\frac{3}{4}$　④ $\frac{2}{3}$

# Q46
## 『4個のサイコロがすべてなくなるまで』

4個のサイコロがあります。

1投目，サイコロをすべて投げます。そして，6の目が出たサイコロを取り除きます。2投目，残ったサイコロをすべて投げます。そして，6の目が出たサイコロを取り除きます。このようにずっとサイコロ投げを続けます。

サイコロがすべてなくなるまでのサイコロ投げ回数の期待値は？

# A46

$n$個のサイコロがなくなるまでの投げる回数の期待値を $E_n$ とします。

$E_1 = 6$ （Q30『3種のカードをそろえる』参照）

$E_2 = \dfrac{1}{6^2} + {}_2C_1 \times \dfrac{5}{6^2}(1+E_1) + \dfrac{5^2}{6^2}(1+E_2)$

$\therefore \quad E_2 = (1 + {}_2C_1 \times 5(1+E_1) + 5^2) \cdot \dfrac{1}{6^2 - 5^2}$

$\displaystyle\sum_{k=0}^{n} {}_nC_k 5^k = (1+5)^n = 6^n$ なので，

$E_2 = (6^2 + {}_2C_1 \times 5 \times E_1) \cdot \dfrac{1}{6^2 - 5^2} = \dfrac{96}{11}$

以下同様に，

$E_3 = (6^3 + {}_3C_1 \cdot 5E_1 + {}_3C_2 \cdot 5^2 E_2) \cdot \dfrac{1}{6^3 - 5^3} = \dfrac{10566}{1001}$

$E_4 = (6^4 + {}_4C_1 \cdot 5E_1 + {}_4C_2 \cdot 5^2 E_2 + {}_4C_3 \cdot 5^3 E_3) \cdot \dfrac{1}{6^4 - 5^4} = \dfrac{728256}{61061}$

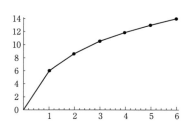

ちなみに，

$E_5 \fallingdotseq 13.0237$

$E_6 \fallingdotseq 13.9378$

$E_{10} \fallingdotseq 16.5648$

$E_{12} \fallingdotseq 17.5205$

[追記]

一般解は下のようになります。

$$E_n = \sum_{k=1}^{n} \left( (-1)^{k+1} {}_nC_k \frac{6^k}{6^k - 5^k} \right)$$

パソコンで近似値を計算させる場合には，下式が役立ちます。

$$E_n = \sum_{k=1}^{\infty} \left( 1 - \left( 1 - \left( \frac{5}{6} \right)^{k-1} \right)^n \right)$$

無限個の和を求めるのではなく，$k$が十分大きな値のところまでの和を求めれば，かなり正確な近似値が得られます。

たとえば，$E_{1000}$の近似値を求めてみると，$k$が1から200までの和（つまり200項の値を足すだけ）が約41.556422で，$k$が1から300までの和も同様ですから，そこでほとんど収束していますね。

《きわめて大ざっぱな概算》

$n$が十分大きな値のときは1投ごとにサイコロ数はほぼ$\frac{5}{6}$になることが期待できます。そして$E_6$と$E_5$の差がほぼ1なので，$n$が6以上なら（まあまあ）十分大きいといえます。

そこで$E_{1000}$の概算値を考えてみますと，$1000 \times \left( \frac{5}{6} \right)^{28} \approx 6.066$というわけで，1000個のサイコロは28投でほぼ6個になり，$E_6 \approx 13.9$ですから，$E_{1000} \approx 42$と大ざっぱに予想できますね。

おまけの問題・7

## 『$n$ 組のペア』

紅玉 $n$ 個,白玉 $n$ 個があります。計 $2n$ 個の中から玉を 2 つずつランダムに取って,2 つ 1 組のペアを $n$ 組作ります。

「$n$ 組中に同色ペアが少なくとも 1 組ある状態」になる確率は?

(答えは本ページ下にあります。)

答え
　$n$ 組のペアの作り方の総数は,$\dfrac{(2n)!}{2^n\, n!}$
　$n$ 組とも「紅と白」となる組み合わせは,$n!$
　したがって答えは,
$$\dfrac{\dfrac{(2n)!}{2^n\, n!} - n!}{\dfrac{(2n)!}{2^n\, n!}} = 1 - \dfrac{2^n (n!)^2}{(2n)!}$$

# Q47

## 『2匹のテントウムシ』

1辺の長さが1の正方形 ABCD の AB 上のランダムな地点にテントウムシ X がいます。また，CD 上のランダムな地点にテントウムシ Y がいます。

XY 間の距離の期待値は？

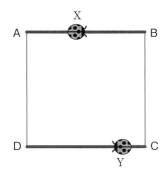

# A47

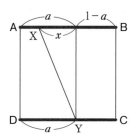

YがDから$a$だけ離れた地点にいる場合の距離の期待値は，

$$\int_0^a \sqrt{x^2+1}\,dx + \int_0^{1-a} \sqrt{x^2+1}\,dx$$
$$= \frac{1}{2}a\sqrt{a^2+1} + \frac{1}{2}\ln(a+\sqrt{a^2+1})$$
$$\quad + \frac{1}{2}(1-a)\sqrt{(1-a)^2+1} + \frac{1}{2}\ln(1-a+\sqrt{(1-a)^2+1})$$

したがって，XY間の距離の期待値は，これの$a=0$から$a=1$までの積分。

後半2項の積分の和は，前半2項の積分の和と同じ値になるので，結局答えは，前半2項の積分の和の2倍で，

$$\int_0^1 a\sqrt{a^2+1}\,da + \int_0^1 \ln(a+\sqrt{a^2+1})\,da$$
$$= \left[\frac{1}{3}(a^2+1)^{\frac{3}{2}}\right]_0^1 + \left[a\ln(a+\sqrt{a^2+1}) - \sqrt{a^2+1}\right]_0^1$$
$$= \frac{2\sqrt{2}-1}{3} + \ln(1+\sqrt{2}) - \sqrt{2} + 1$$
$$= \frac{2-\sqrt{2}}{3} + \ln(1+\sqrt{2}) \quad (\approx 1.07663573)$$

# Q48
## 『蟻の立体ランダムウォーク・出会い』
### （ランダムウォークの基本問題）

　12本の棒でできた立方体（下図）の棒の上を2匹の蟻が歩きます。どちらの蟻も1秒間で隣の頂点まで歩きます。次にどこに向かうかはランダムです（来たばかりの道を戻ることもあります）。

　2匹の蟻はAとDの位置からスタートします。

(1) 4秒後までに2匹が少なくとも1回出会う確率は？
(2) 7秒目（正確には6.5秒）で初めて出会う確率は？

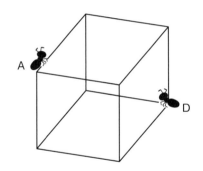

# A48

スタート時のようなもっとも遠い位置関係を「$s$」，1辺をはさんだ位置関係を「1辺」と表記します。

「1辺」の2匹は1秒後に，$\frac{1}{9}$ の確率で出会い，$\frac{2}{3}$ の確率で，出会わずに再び「1辺」，$\frac{2}{9}$ の確率で「$s$」です。

また，「$s$」の2匹は1秒後に，$\frac{2}{3}$ の確率で「1辺」，$\frac{1}{3}$ の確率で再び「$s$」です。

また，0秒時に2匹の位置関係が「1辺」と「$s$」である確率（$R_0$ と $S_0$）は，$\begin{pmatrix} R_0 \\ S_0 \end{pmatrix} = \begin{pmatrix} 0 \\ 1 \end{pmatrix}$ です。

ゆえに，$n$ 秒後に2匹がまだ会わずにいて，位置関係が「一辺」と「$s$」である確率（$R_n$ と $S_n$）は，$\begin{pmatrix} R_n \\ S_n \end{pmatrix} = \begin{pmatrix} \frac{2}{3} & \frac{2}{3} \\ \frac{2}{9} & \frac{1}{3} \end{pmatrix}^n \begin{pmatrix} 0 \\ 1 \end{pmatrix}$

したがって，2匹がまだ会わずにいて，位置関係が「一辺」と「$s$」である確率は，

1秒後の場合，$\begin{pmatrix} \frac{2}{3} & \frac{2}{3} \\ \frac{2}{9} & \frac{1}{3} \end{pmatrix} \begin{pmatrix} 0 \\ 1 \end{pmatrix} = \begin{pmatrix} \frac{2}{3} \\ \frac{1}{3} \end{pmatrix}$

2秒後の場合，$\begin{pmatrix} \frac{2}{3} & \frac{2}{3} \\ \frac{2}{9} & \frac{1}{3} \end{pmatrix}^2 \begin{pmatrix} 0 \\ 1 \end{pmatrix} = \begin{pmatrix} \frac{2}{3} \\ \frac{7}{27} \end{pmatrix}$

3秒後の場合，$\begin{pmatrix} \frac{2}{3} & \frac{2}{3} \\ \frac{2}{9} & \frac{1}{3} \end{pmatrix}^3 \begin{pmatrix} 0 \\ 1 \end{pmatrix} = \begin{pmatrix} \frac{50}{81} \\ \frac{19}{81} \end{pmatrix}$

ゆえに，「1.5秒で初めて会う」「2.5秒で初めて会う」「3.5秒で初めて会う」の合計は，
$$\frac{1}{9} \cdot \left( \frac{2}{3} + \frac{2}{3} + \frac{50}{81} \right) = \frac{158}{729} \quad (これが(1)の答え)$$

(2)

6秒後に2匹がまだ会わずにいて,位置関係が「一辺」と「$s$」である確率は,

$$\begin{pmatrix} \dfrac{2}{3} & \dfrac{2}{3} \\ \dfrac{2}{9} & \dfrac{1}{3} \end{pmatrix}^6 \begin{pmatrix} 0 \\ 1 \end{pmatrix} = \begin{pmatrix} \dfrac{350}{729} \\ \dfrac{3583}{19683} \end{pmatrix}$$

ゆえに,6.5秒で初めて会う確率は,$\dfrac{350}{729} \cdot \dfrac{1}{9} = \dfrac{350}{9^4}$

おまけの問題・8

# 『ブレーメン・セット』

ロバ4匹，犬4匹，猫4匹がいます。その12匹中から1匹ずつランダムに選んで，3匹セットを4組作ります。「ロバ，犬，猫」のブレーメン・セットは4組できるかもしれないし，0組かもしれません。

「ロバ，犬，猫」の組数の期待値は？

《駄足》ブレーメン・セットとは，もちろんグリムの『ブレーメンの音楽隊』に因んだ命名です。

（答えは本ページ下にあります。）

答え

ロバ，犬，猫がそれぞれ $n$ 匹とします。

ロバに着目して考えます。

あるロバ1匹とセットになるもう1匹として犬か猫が選ばれる確率は，$\dfrac{2n}{3n-1}$

3匹目として，「2匹目ともロバとも異なる動物」が選ばれる確率は，$\dfrac{n}{3n-2}$

ロバは $n$ 匹いるので，「ロバ，犬，猫」の組数の期待値は，

$$n \cdot \frac{2n}{3n-1} \cdot \frac{n}{3n-2} = \frac{2n^3}{(3n-1)(3n-2)}$$

$n=4$ を代入して，答えは $\dfrac{64}{55}$

# Q49 『蟻の出会い』

2匹の蟻が下図の地点からスタート。

どちらの蟻も毎秒1のスピードで進み,交差点では一瞬も止まらず,1秒ごとにどの方向に進むかはランダムです(スタート時も)。

また,蟻たちは出会っても衝突はせず,ただすれ違います。

$2n+1$ 秒後に2匹が同じ地点にいる確率は?

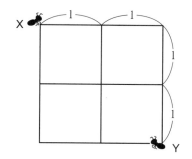

地点名を図1のようによぶことにします。

Bにいる蟻が1秒後と2秒後にいる地点とその確率は図2のとおり。

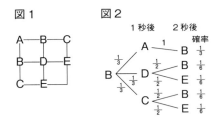

したがって，Bにいる蟻は2秒後に$\frac{2}{3}$の確率でBにいて，$\frac{1}{3}$の確率でEにいます。

同様に，Eにいる蟻は2秒後に$\frac{2}{3}$の確率でEにいて，$\frac{1}{3}$の確率でBにいます。

Xの蟻は，スタートの奇数秒後には，BかEにしかいないので，Xの蟻が$2n+1$秒後にBにいる確率を$B_{2n+1}$とすると，$E$にいる確率は$(1-B_{2n+1})$で，

$$B_{2n+1} = \frac{2}{3}B_{2n-1} + \frac{1}{3}(1-B_{2n-1})$$

$$\therefore \quad B_{2n+1} - \frac{1}{2} = \frac{1}{3}\left(B_{2n-1} - \frac{1}{2}\right)$$

$$= \frac{1}{3^2}\left(B_{2n-3} - \frac{1}{2}\right)$$

$$= \frac{1}{3^n}\left(B_1 - \frac{1}{2}\right)$$

$$= \frac{1}{2\times 3^n} \quad [\because B_1 = 1]$$

$$\therefore \quad B_{2n+1} = \frac{1}{2\times 3^n} + \frac{1}{2}$$

$$= \frac{1}{2}\left(1 + \frac{1}{3^n}\right)$$

したがって，Xの蟻がBの一方にいる確率は$\dfrac{1}{4}\left(1+\dfrac{1}{3^n}\right)$で，Eの一方にいる確率は$\dfrac{1}{4}\left(1-\dfrac{1}{3^n}\right)$

Yの蟻がBとEにいる確率はその逆なので，2匹の蟻が$2n+1$秒後に同じ地点にいる確率は，

$$\dfrac{1}{4}\left(1+\dfrac{1}{3^n}\right)\times\dfrac{1}{4}\left(1-\dfrac{1}{3^n}\right)\times 4$$
$$=\dfrac{1}{4}\left(1-\dfrac{1}{3^{2n}}\right)$$

## おまけの問題・9

### 『待ち時間のパラドクス』

あるバス停に，5時00分から30分までの間に人がランダムに来ます。

5時30分にバスが1本来ます。

さらに，5時00分から30分までの間にバスが2本，それぞれランダムな時刻に来ます。

人の待ち時間の期待値は？

★バスは平均的には10分に1本来るわけなので，人の待ち時間の期待値は5分だろう，と直感的には思えますね。でも実際は，もっとたくさん待たされるのです。

なお，ランダムに来るバスが1本の場合の問題は，他の本で出題しましたので，本書では2本に増やしています。

（答えは本ページに入りきらないので巻末補足に置きます。）

# Q50 『蛙のランダムジャンプ』

ハス8枚が下図のように円形に並んでいます。

蛙が（0秒時に）Aにいて，1秒ごとに右隣か左隣のハスに跳び移ります（どちら側に跳ぶかは1秒ごとにランダムです）。

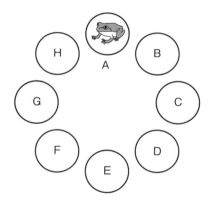

(1) $2n$ 秒後に蛙がEにいる確率は？
(2) Eに着いたら永久にそこに留まることにすると，$2n$ 秒後に蛙がEにいる確率は？

［なお，いずれの場合も，$n \geq 1$］

(1)

ハスは左右対称に並んでいるので,円形の状況設定から離れ,A－B－C－D－Eと直線状に並ぶハスで考えます(つまり,以下でのB, C, Dは,もとの円では「BかH」「CかG」「DかF」にあたります)。

A, C, Eに蛙がいるのは,偶数秒後のときだけです。

$n$ 秒後に蛙がAにいる確率を $A_n$, Cにいる確率を $C_n$, Eにいる確率を $E_n$ とすると,$n$ 秒時にAにいる蛙は,2秒前にはAかCにいて,他のハスにはいません。$n$ 秒時にAにいる蛙がその2秒後にまたAにいる確率は $\frac{1}{2} A_n$ で,$n$ 秒時にCにいる蛙がその2秒後にAにいる確率は $\frac{1}{4} C_n$ です。したがって,

$$A_{n+2} = \frac{1}{2} A_n + \frac{1}{4} C_n$$

同様に考えて,

$$C_{n+2} = \frac{1}{2} A_n + \frac{1}{2} C_n + \frac{1}{2} E_n$$

$$E_{n+2} = \frac{1}{4} C_n + \frac{1}{2} E_n$$

ゆえに,$A_{n+2} + E_{n+2} = C_{n+2}$

$A_{n+2} + E_{n+2} + C_{n+2} = 1$ なので,$C_{n+2} = \frac{1}{2}$

$$E_{n+2} = \frac{1}{8} + \frac{1}{2} E_n$$

$$E_{n+2} - \frac{1}{4} = \frac{1}{2} \left( E_n - \frac{1}{4} \right)$$

$$\therefore\quad E_{2n} - \frac{1}{4} = \left( \frac{1}{2} \right)^{n-1} \left( E_2 - \frac{1}{4} \right) = -\frac{1}{2^{n+1}} \quad [\because E_2 = 0]$$

$$\therefore\quad E_{2n} = \frac{1}{4} - \frac{1}{2^{n+1}}$$

《追記》3種の漸化式を作ったあと [$E_{n+2} = \frac{1}{4} C_n + \frac{1}{2} E_n$ の行のあと],行列を使って解くと,(ムダに手間がかかりますが)以下のとおりです。

ゆえに,

$$\begin{pmatrix} A_{2n} \\ C_{2n} \\ E_{2n} \end{pmatrix} = \begin{pmatrix} \frac{1}{2} & \frac{1}{4} & 0 \\ \frac{1}{2} & \frac{1}{2} & \frac{1}{2} \\ 0 & \frac{1}{4} & \frac{1}{2} \end{pmatrix}^n \begin{pmatrix} A_0 \\ C_0 \\ E_0 \end{pmatrix}$$

対角化して, $A_0=1$, $C_0=0$, $E_0=0$ を代入し,

$$\begin{pmatrix} A_{2n} \\ C_{2n} \\ E_{2n} \end{pmatrix} = \begin{pmatrix} 1 & -1 & 1 \\ -2 & 0 & 2 \\ 1 & 1 & 1 \end{pmatrix} \begin{pmatrix} 0 & 0 & 0 \\ 0 & \frac{1}{2} & 0 \\ 0 & 0 & 1 \end{pmatrix}^n \begin{pmatrix} \frac{1}{4} & -\frac{1}{4} & \frac{1}{4} \\ -\frac{1}{2} & 0 & \frac{1}{2} \\ \frac{1}{4} & \frac{1}{4} & \frac{1}{4} \end{pmatrix} \begin{pmatrix} 1 \\ 0 \\ 0 \end{pmatrix}$$

したがって, $E_{2n} = \dfrac{1}{4} - \dfrac{1}{2^{n+1}}$

(2)

Eに着いたら永久にそこに留まる場合,漸化式は以下のようになります.

$$A_{n+2} = \frac{1}{2}A_n + \frac{1}{4}C_n \qquad C_{n+2} = \frac{1}{2}A_n + \frac{1}{2}C_n$$
$$E_{n+2} = \frac{1}{4}C_n + E_n$$

したがって,

$$\begin{pmatrix} A_{2n} \\ C_{2n} \\ E_{2n} \end{pmatrix} = \begin{pmatrix} \frac{1}{2} & \frac{1}{4} & 0 \\ \frac{1}{2} & \frac{1}{2} & 0 \\ 0 & \frac{1}{4} & 1 \end{pmatrix}^n \begin{pmatrix} A_0 \\ C_0 \\ E_0 \end{pmatrix}$$

対角化して, $A_0=1$, $C_0=0$, $E_0=0$ を代入し,

$$\begin{pmatrix} A_{2n} \\ C_{2n} \\ E_{2n} \end{pmatrix} = \begin{pmatrix} 0 & 1+\sqrt{2} & 1-\sqrt{2} \\ 0 & -2-\sqrt{2} & -2+\sqrt{2} \\ 1 & 1 & 1 \end{pmatrix} \begin{pmatrix} 1 & 0 & 0 \\ 0 & \frac{2-\sqrt{2}}{4} & 0 \\ 0 & 0 & \frac{2+\sqrt{2}}{4} \end{pmatrix}^n \cdot$$
$$\begin{pmatrix} 1 & 1 & 1 \\ \frac{-1+\sqrt{2}}{2} & \frac{-2+\sqrt{2}}{4} & 0 \\ \frac{-1-\sqrt{2}}{2} & \frac{-2-\sqrt{2}}{4} & 0 \end{pmatrix} \begin{pmatrix} 1 \\ 0 \\ 0 \end{pmatrix}$$

したがって，
$$E_{2n} = \frac{1}{2^{2n+1}} \left( 2^{2n+1} + \frac{1}{\sqrt{2}} (2-\sqrt{2})^{n+1} - \frac{1}{\sqrt{2}} (2+\sqrt{2})^{n+1} \right)$$

《追記》 3種の漸化式を作ったあと，行列を使わずに，母関数を使って解くと，以下のとおりです。

3つの漸化式から $A$ と $C$ を消して，
$8E_{n+6} - 16E_{n+4} + 9E_{n+2} - E_n = 0$
$f(x) = E_0 + E_2 x + E_4 x^2 + E_6 x^3 + \cdots$ とおくと，Q13『リュカ数（その2）』等と同様の計算により，
$$f(x) = \frac{x^2}{8 - 16x + 9x^2 - x^3}$$
$$= \frac{1}{1-x} + \frac{\sqrt{2}}{2\sqrt{2}+4-x} + \frac{\sqrt{2}}{2\sqrt{2}-4+x}$$

これを無限級数展開したときの $x^n$ の項の係数が答え。

$\dfrac{1}{1-x}$ の $x^n$ の項の係数は，$1$

$\dfrac{\sqrt{2}}{a-x}$ の $x^n$ の項の係数は，$\dfrac{\sqrt{2}}{a^{n+1}}$

$\dfrac{\sqrt{2}}{b+x}$ の $x^n$ の項の係数は，$-\dfrac{\sqrt{2}}{(-b)^{n+1}}$

したがって，
$$E_{2n} = \frac{1}{2^{2n+1}} \left( 2^{2n+1} + \frac{1}{\sqrt{2}} (2-\sqrt{2})^{n+1} - \frac{1}{\sqrt{2}} (2+\sqrt{2})^{n+1} \right)$$

# 第3部

## 輝かしい金字塔

　さて,いよいよ第3部,輝かしい金字塔のセクションです(もちろん,第2部までにも「輝かしい金字塔」といえるものはいろいろありましたが)。

　ここの問題は,ほとんどが超・超絶難問です。解くのをすぐに(数か月以内に)諦めて答えのページを見たら,一生の損です。それぞれたっぷり時間をかけてその何問かは自力で解いてしまって,生涯の喜びとしましょう!

# Q51

## 『ベル数』

ベル数 $b_n$ は，$n$ 個のものを部分集合に分割する方法の数です。たとえば，3個の場合は，下図のように5通りに分割できます。

$$\boxed{1\ 2\ 3} \quad \boxed{1}\boxed{2\ 3}$$
$$\boxed{1\ 2}\boxed{3} \quad \boxed{1\ 3}\boxed{2} \quad \boxed{2\ 3}\boxed{1}$$

では，6個の場合，何通りに分割できるのでしょう？

（なお，ベル数は通常 $B_n$ と表記しますが，それでは後出のベルヌーイ数と同じで紛らわしいので，本書では $b_n$ と表記します。）

# A51

すでに $n$ 個があるところに1個を加えた場合,$b_{n+1}$ 通りで,この内訳は以下のようになります.

加える1個が,その1個だけで1グループとなる場合は $b_n$ 通り(すでにある0個のグループにそれが加わるので,${}_nC_0 b_n$ 通り).

加える1個が,すでにある1個のみのグループ(それが何であるかは ${}_nC_1$ 通り)に加わる場合は,${}_nC_1 b_{n-1}$ 通り.

等々で,結局,

$$b_{n+1}=\sum_{k=0}^{n}\binom{n}{k}b_{n-k}=\sum_{k=0}^{n}\binom{n}{k}b_k$$

$b_1=1,\ b_2=2,\ b_3=5$

$b_2={}_1C_0 b_0+{}_1C_1 b_1$

ゆえに $b_0=1$ (となるので,$b_0=1$ と定義します)

$b_4={}_3C_0 b_0+{}_3C_1 b_1+{}_3C_2 b_2+{}_3C_3 b_3=15$

以下,同様に計算して,$b_5=52$,$b_6=203$ となります.

なお,第2種スターリング数(Q22)を使って,下のように求めることもできます.

$$b_6=\begin{Bmatrix}6\\6\end{Bmatrix}+\begin{Bmatrix}6\\5\end{Bmatrix}+\begin{Bmatrix}6\\4\end{Bmatrix}+\begin{Bmatrix}6\\3\end{Bmatrix}+\begin{Bmatrix}6\\2\end{Bmatrix}+\begin{Bmatrix}6\\1\end{Bmatrix}=203$$

# Q52

『 $\sum_{k=0}^{\infty} \dfrac{k^n}{k!}$ の値をベル数で 』

$\sum_{k=0}^{\infty} \dfrac{k^n}{k!}$ の値は，ベル数を使って表わすことができます。さて，どのような式になりますか？

ちなみに，$\sum_{k=0}^{\infty} \dfrac{1}{k!} = e$ です。

# A52

$\sum_{k=0}^{\infty} \dfrac{k^n}{k!}$ の値は，$n=1$ の場合，

$$\dfrac{1}{1!} + \dfrac{2}{2!} + \dfrac{3}{3!} + \cdots = e = b_1 e$$

$n=2$ の場合，

$$\dfrac{1^2}{1!} + \dfrac{2^2}{2!} + \dfrac{3^2}{3!} + \cdots = \dfrac{1}{1!} + \dfrac{2}{1!} + \dfrac{3}{2!} + \cdots + \dfrac{k+1}{k!} + \cdots = 2e = b_2 e$$

$n=3$ の場合，

$$\dfrac{1^3}{1!} + \dfrac{2^3}{2!} + \dfrac{3^3}{3!} + \cdots = \dfrac{1}{1!} + \dfrac{2^2}{1!} + \dfrac{3^2}{2!} + \cdots + \dfrac{(k+1)^2}{k!} + \cdots$$

$$= ({}_2C_0 b_2 + {}_2C_1 b_1 + {}_2C_2 b_0) e = b_3 e$$

$n=4$ の場合，

$$\dfrac{1^4}{1!} + \dfrac{2^4}{2!} + \dfrac{3^4}{3!} + \cdots = \dfrac{1}{1!} + \dfrac{2^3}{1!} + \dfrac{3^3}{2!} + \cdots + \dfrac{(k+1)^3}{k!} + \cdots$$

$$= ({}_3C_0 b_3 + {}_3C_1 b_2 + {}_3C_2 b_1 + {}_3C_3 b_0) e = b_4 e$$

等々で，結局，

$\sum_{k=0}^{\infty} \dfrac{k^n}{k!} = b_n e$ となります。

（たとえば，$b_6 = 203$ なので，$\sum_{k=0}^{\infty} \dfrac{k^6}{k!} = 203 e$ です。）

★当然ながら，2行上の式より，$n$ 番目のベル数の値は，$\dfrac{1}{e} \sum_{k=0}^{\infty} \dfrac{k^n}{k!}$ です。

# Q53
## 『ベル数の母関数』

ベル数 ($b_n$) を $n!$ で割った値を各係数とする母関数 [$f(x) = b_0 + \dfrac{b_1}{1!} x + \dfrac{b_2}{2!} x^2 + \cdots$] は何でしょう？

★本問はかなり難しいので，1週間は考えてみましょう。

答えにたどり着く直前に，あなたは「え？」と驚くでしょう。そしてその心地よい驚きをあなたは一生忘れないでしょう。

# A53

$e^x = 1 + x + \dfrac{x^2}{2!} + \dfrac{x^3}{3!} + \dfrac{x^4}{4!} + \cdots$ を使います。[『数学＜超絶＞難問』Q67参照]

$f(x) = b_0 + \dfrac{b_1}{1!}x + \dfrac{b_2}{2!}x^2 + \dfrac{b_3}{3!}x^3 + \cdots$ とおきます。

$f(x)$ に $e^x$ をかけたものを求めると——つまり，1をかけたもの，$x$をかけたもの，$\dfrac{x^2}{2!}$をかけたもの，等々をすべて足すと，$x^n$の係数は $\displaystyle\sum_{k=0}^{n} \dfrac{b_k}{k!(n-k)!}$

$b_{n+1} = {}_nC_0 b_0 + {}_nC_1 b_1 + {}_nC_2 b_2 + {}_nC_3 b_3 + \cdots + {}_nC_n b_n$ なので，

$\dfrac{b_{n+1}}{n!} = \displaystyle\sum_{k=0}^{n} \dfrac{b_k}{k!(n-k)!}$

つまり，上記の $x^n$ の係数は，$\dfrac{b_{n+1}}{n!}$ です。

$f'(x)$ の $x^n$ の係数は $\dfrac{b_{n+1}}{n!}$ ですから，$f'(x) = e^x f(x)$

ゆえに，$f(x) = e^{e^x + C}$

$f(0) = 1$ より，$C = -1$

したがって，求める母関数は，$e^{e^x - 1}$

★追記が巻末205ページにあります。なお，本問の $\dfrac{b_n}{n!}$ のように，$n!$ で割った形にして求めた母関数を，指数母関数とよびます。

# Q54 『円の中の2点の距離』

半径1の円の中に2つの点をランダムにおきます。2点間の距離の期待値は？

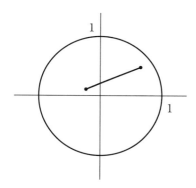

★「乱数を多量に発生させて，この期待値（平均値）の近似値を実験的に求めると，約 0.9054 となる」ことはよく知られているようです。

本問では，解析的に解いて，正確な値を求めてみましょう。

# A54

まず，円周上の点Aと円内の任意の点Bとの距離の期待値を求めます。

この値は，Aを点（-1, 0）に固定し，Bを円（原点中心，半径1）の上半分の中で動かして得られます。

先に答えの分子部分を計算します（それを分母部分の値——円の上半分の面積——で割った値が答えです［『数学＜超絶＞難問』Q40 参照］）。

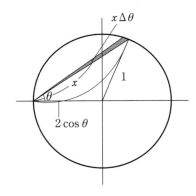

まず $\theta$，$\Delta\theta$ を固定して，

$$\int_0^{2\cos\theta} x \cdot x\Delta\theta\,dx = \Delta\theta \left[\frac{1}{3}x^3\right]_0^{2\cos\theta} = \frac{8}{3}(\cos^3\theta)\Delta\theta$$

$\theta$ は $0$ から $\frac{\pi}{2}$ まで変わるので，

$$\int_0^{\frac{\pi}{2}} \frac{8}{3}\cos^3\theta\,d\theta = \frac{8}{3}\int_0^{\frac{\pi}{2}}(1-\sin^2\theta)\cos\theta\,d\theta$$

$t=\sin\theta$ とおくと，$dt=\cos\theta\,d\theta$ で，$\theta$ が $0 \to \frac{\pi}{2}$，$t$ が $0 \to 1$ で，

$$= \frac{8}{3}\int_0^1 (1-t^2)\,dt = \frac{16}{9}$$

これを円の上半分の面積 $\frac{\pi}{2}$ で割って，答えは，$\frac{32}{9\pi}$

さて，円内の2つの点のうち，原点からより遠いほうをA，近いほうをBとよびます。
（たとえば出題ページの線分の長さはB—Aで1回計算すればいいのであって，A—Bで重ねて計算する必要はありません。したがって遠いほうをAとよぶ方法でいいのです。）

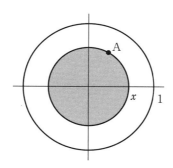

Aが半径 $x$ の円上を動くとき，その円内（上図のアミカケ部内）にあるBとAとの距離の期待値は，$\frac{32x}{9\pi}$

したがって，答えは，

$$\int_0^1 2\pi x \cdot \pi x^2 \cdot \frac{32x}{9\pi} dx \div \int_0^1 2\pi x \cdot \pi x^2 dx \quad (注)$$

$$= \frac{128}{45\pi}$$

（注）この式の意味はわかりにくいかもしれませんので，ちょっと補足説明をしておきましょう。この積分中の $2\pi x$ は，Aが動く半径 $x$ の円のドット数のようなものであり，$\pi x^2$ は，Bが動く円内のドッ

ト数のようなものであり，それらをかけ合わせると，線分 AB の総本数のようなものになるのです。これで感覚的にわかりますか？

# Q55

『$\frac{1}{2}!$』

　ウォリス（John Wallis, 1616-1703）は$\frac{1}{2}!$の値を求めました。

　そのために彼が何を使ったかを，ヒントとして本ページ下に書きます。完全に自力で解きたい人は，その部分を見ないように注意してください。

　さて，あなたは$\frac{1}{2}!$の値を求めることができますか？

★ヒントを見ずに本問を解いたら，あなたはまぎれもなく天才中の天才。ヒントを見たとしても，解けたならあなたはやはり天才でしょう（し，自分の才能にほれぼれとするでしょう）。

◆彼が使ったのは，　$\int_0^1 (x-x^2)^n dx$　です。

# A55

部分積分を行なって，

$$\int_0^1 x^n(1-x)^n dx = \frac{n}{n+1}\int_0^1 x^{n+1}(1-x)^{n-1}dx$$

さらに部分積分を繰り返して，

$$= \frac{n}{n+1} \times \frac{n-1}{n+2} \times \cdots \times \frac{1}{n+n}\int_0^1 x^{2n}dx$$

$$= \frac{n}{n+1} \times \frac{n-1}{n+2} \times \cdots \times \frac{1}{n+n} \times \frac{1}{2n+1}$$

$$= \frac{(n!)^2}{(2n+1)!}$$

$n=\dfrac{1}{2}$ を代入すると，左辺 $\int_0^1 \sqrt{x-x^2}\,dx$ は，点 $\left(\dfrac{1}{2},\ 0\right)$ に中心がある半径 $\dfrac{1}{2}$ の円の上半分の面積なので，

$$\frac{\pi}{8} = \frac{\left(\dfrac{1}{2}!\right)^2}{2!}$$

$$\therefore \quad \frac{1}{2}! = \frac{\sqrt{\pi}}{2}$$

# Q56 『遊びの超絶難問』

Q29『$n$枚と$(n+1)$枚のコイン』で求めた「引き分けになる確率」$\dfrac{1}{2^{2n+1}}\dbinom{2n+1}{n}$を，2項係数を使わずに，$\sqrt{\pi}$を使って表わしてみましょう。

★本書の読者には，もはや超絶難問ではありませんね。
　ちなみに，$\dfrac{7}{2}! = \dfrac{7}{2} \times \dfrac{5}{2} \times \dfrac{3}{2} \times \left(\dfrac{1}{2}!\right)$です。

## A56

$$\frac{1}{2^{2n+1}}\binom{2n+1}{n} = \frac{2n+1}{2} \times \frac{2n}{2} \times \frac{2n-1}{2} \times \frac{2n-2}{2} \times \cdots$$
$$\times \frac{4}{2} \times \frac{3}{2} \times \frac{2}{2} \times \frac{1}{2} \times \frac{2 \times \frac{1}{2}!}{2 \times \frac{1}{2}!} \times \frac{1}{(n+1)!n!}$$

アミカケ部分の積は $n!$ なので,

$$= \left(n+\frac{1}{2}\right) \times \left(n-\frac{1}{2}\right) \times \cdots \times \frac{3}{2} \times \frac{1}{2}! \times \frac{1}{2 \times \frac{1}{2}!(n+1)!}$$

$$= \frac{\left(n+\frac{1}{2}\right)!}{2 \times \frac{1}{2}!(n+1)!}$$

$$= \frac{\left(n+\frac{1}{2}\right)!}{\sqrt{\pi}\,(n+1)!}$$

[なぜなら, $\frac{1}{2}! = \frac{\sqrt{\pi}}{2}$ (前問参照)]

# Q57 『ウォリスの定理』

連分数で，近似分数は下記のように定まる分数です。

$$q_0 + \cfrac{p_1}{q_1 + \cfrac{p_2}{q_2 + \cfrac{p_3}{q_3 + \cdots}}}$$

第1次近似分数
第2次近似分数

つまり，第1次近似分数は，$q_0 + \dfrac{p_1}{q_1}$ で，第2次近似分数は，$q_0 + \dfrac{p_1}{q_1 + \dfrac{p_2}{q_2}}$ です。なお，第0次近似分数は，$q_0$ です。

(ちなみに，$p$ の部分 [$p_1$, $p_2$, $p_3$, …] がすべて1である連分数を正則連分数といいます。)

第 $k$ 次近似分数を $\dfrac{A_k}{B_k}$ と書くことにすると，
$$A_k = q_k A_{k-1} + p_k A_{k-2}, \quad B_k = q_k B_{k-1} + p_k B_{k-2}$$
(初期値は，$A_0 = q_0$, $A_1 = q_1 q_0 + p_1$, $B_0 = 1$, $B_1 = q_1$)
の関係があります。

さて，あなたもこれを導くことができますか？

なお，この定理を導いたのはウォリスです（1655年）。

$A_0 = q_0$, $B_0 = 1$

$A_1 = q_0 q_1 + p_1$, $B_1 = q_1$

$A_2 = q_0 q_1 q_2 + q_0 p_2 + p_1 q_2$, $B_2 = q_1 q_2 + p_2$

∴ $A_2 = q_2 A_1 + p_2 A_0$, $B_2 = q_2 B_1 + p_2 B_0$

$A_3$ と $B_3$ の値は上式それぞれの $q_2$ を $q_2 + \dfrac{p_3}{q_3}$ で置き換えることで得られて、両方（近似分数の分子と分母）に $q_3$ をかけると、

$$A_3 = \left\{\left(q_2 + \dfrac{p_3}{q_3}\right)A_1 + p_2 A_0\right\} \cdot q_3, \quad B_3 = \left\{\left(q_2 + \dfrac{p_3}{q_3}\right)B_1 + p_2 B_0\right\} \cdot q_3$$

$A_3 = q_3 A_2 + p_3 A_1$, $B_3 = q_3 B_2 + p_3 B_1$

以下同様にこの構造は繰り返され、

$$A_k = q_k A_{k-1} + p_k A_{k-2}, \quad B_k = q_k B_{k-1} + p_k B_{k-2}$$

《補足》

なお、この関係を行列を使って書くと、下のようになります。

$$\begin{pmatrix} A_k & A_{k-1} \\ B_k & B_{k-1} \end{pmatrix} = \begin{pmatrix} A_{k-1} & A_{k-2} \\ B_{k-1} & B_{k-2} \end{pmatrix} \begin{pmatrix} q_k & 1 \\ p_k & 0 \end{pmatrix}$$

近似分数を計算しようとするときに、この行列計算はとても役立ちます。

# Q58
## 『正則連分数の近似分数の定理』

正則連分数（部分分子がつねに1である連分数）の近似分数は，増減を交互に繰り返しながら真の値に近づいていきます。例として，$\pi$の正則連分数の近似分数を見てみましょう。

$\pi = [3; 7, 15, 1, 292, 1, 1, 1, 2, 1, 3, \cdots]$

$$3 + \cfrac{1}{7 + \cfrac{1}{15 + \cfrac{1}{1 + \cfrac{1}{292 + \cfrac{1}{\cdots}}}}}$$

| $n$ | 第 $n$ 次近似分数 | |
|---|---|---|
| 0 | 3 | ⎞ 増 |
| 1 | $\dfrac{22}{7} \approx 3.14286$ | ⎠ 減 |
| 2 | $\dfrac{333}{106} \approx 3.14151$ | ⎞ 増 |
| 3 | $\dfrac{355}{113} \approx 3.1415929$ | ⎠ 減 |
| 4 | $\dfrac{103993}{33102} \approx 3.141592653$ | |

第 $n$ 次近似分数を $\dfrac{A_n}{B_n}$ とすると，増減を交互に繰り返すことについては，

$$\frac{A_{n-1}}{B_{n-1}} - \frac{A_n}{B_n} = \frac{(-1)^n}{B_{n-1}B_n} \quad （n は 1 以上の整数）$$

の関係があります。

あなたはこれを証明できますか？

★問題の外見にゾッとする人には超難問ですね。もしもゾッとしたとしても，その気持ちを克服して，解いてしまいましょう！

与式を変形して，
$$A_{n-1}B_n - A_nB_{n-1} = (-1)^n$$
これを数学的帰納法で証明します。

まず，$n=1$ のときには，下のようにこの式は成り立ちます（$q$ は Q57と同じ記号で，正則連分数なので $p$ はつねに 1）。
$$A_0B_1 - A_1B_0 = q_0q_1 - (q_1q_0+1) \cdot 1 = -1 \quad \text{【追記】}$$

次に $n=N$ に対して成り立つと仮定します。すると，$n=N+1$ の場合には，
$$\begin{aligned}
A_NB_{N+1} - A_{N+1}B_N &= A_N(q_{N+1}B_N + B_{N-1}) - (B_{N+1}A_N + A_{N-1})B_N \\
&= -A_{N-1}B_N + A_NB_{N-1} \\
&= -(-1)^N \quad \text{［仮定より］} \\
&= (-1)^{N+1}
\end{aligned}$$

したがって，$n=N$ のときに成り立つなら，$n=N+1$ のときにも成り立ちます。ゆえに与式は 1 以上のすべての $n$ について成り立ちます。

【追記】ここで，A57の補足より，（正則連分数では $p_k=1$ なので）
$\begin{vmatrix} q_k & 1 \\ p_k & 0 \end{vmatrix} = -1$ ですから，与式が成り立つことは自明ですね。

# Q59

## 『ベルヌーイ数』

$S_m(n) = 0^m + 1^m + 2^m + \cdots + (n-1)^m = \sum_{k=0}^{n-1} k^m$ とすると，$m$ の値が $1 \sim 10$ に応じて以下のリストが作れます（作り方は『数学＜超絶＞難問』Q46参照）。

このリストを見て，ヤーコプ・ベルヌーイはパターンを見つけました。

$$S_1(n) = \frac{1}{2}n^2 - \frac{1}{2}n$$
$$S_2(n) = \frac{1}{3}n^3 - \frac{1}{2}n^2 + \frac{1}{6}n$$
$$S_3(n) = \frac{1}{4}n^4 - \frac{1}{2}n^3 + \frac{1}{4}n^2$$
$$S_4(n) = \frac{1}{5}n^5 - \frac{1}{2}n^4 + \frac{1}{3}n^3 - \frac{1}{30}n$$
$$S_5(n) = \frac{1}{6}n^6 - \frac{1}{2}n^5 + \frac{5}{12}n^4 - \frac{1}{12}n^2$$
$$S_6(n) = \frac{1}{7}n^7 - \frac{1}{2}n^6 + \frac{1}{2}n^5 - \frac{1}{6}n^3 + \frac{1}{42}n$$
$$S_7(n) = \frac{1}{8}n^8 - \frac{1}{2}n^7 + \frac{7}{12}n^6 - \frac{7}{24}n^4 + \frac{1}{12}n^2$$
$$S_8(n) = \frac{1}{9}n^9 - \frac{1}{2}n^8 + \frac{2}{3}n^7 - \frac{7}{15}n^5 + \frac{2}{9}n^3 - \frac{1}{30}n$$
$$S_9(n) = \frac{1}{10}n^{10} - \frac{1}{2}n^9 + \frac{3}{4}n^8 - \frac{7}{10}n^6 + \frac{1}{2}n^4 - \frac{3}{20}n^2$$
$$S_{10}(n) = \frac{1}{11}n^{11} - \frac{1}{2}n^{10} + \frac{5}{6}n^9 - n^7 + n^5 - \frac{1}{2}n^3 + \frac{5}{66}n$$

$n^{m+1}$ の係数はつねに $\dfrac{1}{m+1}$，$n^m$ の係数はつねに $-\dfrac{1}{2}$，$n^{m-2}$ と $n^{m-4}$ の係数はつねに $0$ です。

さて，$n^{m-1}$ と $n^{m-3}$ の係数をそれぞれ $m$ で表わすと，どうなりますか？

# A59

$n^{m-1}$の係数は $\dfrac{m}{12}$

$n^{m-3}$の係数は $\dfrac{-m(m-1)(m-2)}{720}$

ところで，ベルヌーイ数 $B_k$ を導入し，

$$S_m(n) = \frac{1}{m+1}(B_0 n^{m+1} + {}_{m+1}C_1 B_1 n^m + \cdots + {}_{m+1}C_m B_m n)$$

と書くことにすると，$B_k$ の最初のいくつかの値は以下のようになります。

| $k$ | 0 | 1 | 2 | 3 | 4 | 5 | 6 | 7 | 8 | 9 | 10 |
|---|---|---|---|---|---|---|---|---|---|---|---|
| $B_k$ | 1 | $-\dfrac{1}{2}$ | $\dfrac{1}{6}$ | 0 | $-\dfrac{1}{30}$ | 0 | $\dfrac{1}{42}$ | 0 | $-\dfrac{1}{30}$ | 0 | $\dfrac{5}{66}$ |

これがベルヌーイ数です。

ベルヌーイ数は，ヤーコプ・ベルヌーイの名を取って名づけられました。

# Q60

## 『ベルヌーイ数の母関数』

ベルヌーイ数には，下記の漸化式で示される性質があるので，下式でベルヌーイ数は定義されています。なお，$B_0=1$ です。

$$\sum_{k=0}^{n} \binom{n+1}{k} B_k = 0$$

これが示すのは，たとえば，以下のとおりです。

$\binom{2}{0}B_0 + \binom{2}{1}B_1 = 0$

$\binom{3}{0}B_0 + \binom{3}{1}B_1 + \binom{3}{2}B_2 = 0$

この性質を使って，$\dfrac{B_n}{n!}$ の母関数

$[f(z) = B_0 + \dfrac{B_1}{1}z + \dfrac{B_2}{2!}z^2 + \dfrac{B_3}{3!}z^3 + \cdots]$ を導くことができます。

さて，その式はどうなるのでしょう？

★答えにたどり着いたときは大感動です。1週間はあれこれ試し続ける価値はあります，絶対に！

なお，この母関数は，あとでとても重要な役割を果たします。

# A60

$f(z)$ に対し,$z$ をかけたもの,$\dfrac{z^2}{2!}$ をかけたもの,$\dfrac{z^3}{3!}$ をかけたもの,等々をすべて足す(つまり,$f(z)$ の $(e^z-1)$ 倍を求める)と,

$$B_0 z + \frac{1}{2!}\left\{\binom{2}{0}B_0 + \binom{2}{1}B_1\right\}z^2 +$$

$$\frac{1}{3!}\left\{\binom{3}{0}B_0 + \binom{3}{1}B_1 + \binom{3}{2}B_2\right\}z^3 + \cdots = z$$

したがって,$f(z) = \dfrac{z}{e^z - 1}$

【追記】

$\dfrac{z}{e^z-1}$ を無限級数展開する(初等的には割り算をすれば得られます)と,

$$1 - \frac{z}{2} + \frac{z^2}{12} - \frac{z^4}{720} + \frac{z^6}{30240} - \frac{z^8}{1209600} + \frac{z^{10}}{47900160} - \frac{691 z^{12}}{1307674368000} + \cdots$$

となります。

# Q61と62
## 『$z \cot z$ と $\tan z$ とベルヌーイ数』

### Q61

前問の結果（$\dfrac{z}{e^z-1} = \sum_{n=0}^{\infty} B_n \dfrac{z^n}{n!}$ と表記します）を用いると，$z \cot z$ の無限級数展開をベルヌーイ数を使って表わすことができます。

さて，どのようにしたらいいのでしょう？

### Q62

$\tan z$ を無限級数展開すると，

$$z + \frac{z^3}{3} + \frac{2z^5}{15} + \frac{17z^7}{315} + \frac{62z^9}{2835} + \frac{1382z^{11}}{155925} + \cdots$$

となり，各係数に規則性はなさそうにも見えますが，これをベルヌーイ数で表わすことができます。

さて，どのようにしたらいいのでしょう？

★どちらの問題も，少なくとも1週間は考えてみましょう。

[参考]
$\cos z = \dfrac{1}{2}(e^{iz} + e^{-iz})$ ［オイラーの公式］

$\sin z = \dfrac{1}{2i}(e^{iz} - e^{-iz})$ ［オイラーの公式］

$\cosh z = \dfrac{1}{2}(e^z + e^{-z})$ ［$\cosh z$ の定義］

$\sinh z = \dfrac{1}{2}(e^z - e^{-z})$ ［$\sinh z$ の定義］

（上記のオイラーの公式については『数学<超絶>難問』Q74参照）

# A61

$\dfrac{z}{e^z-1}$ に $\dfrac{z}{2}$ を加えて，$-\dfrac{1}{2}z$ の項 $\left(\dfrac{B_1}{1!}z^1\right)$ を消去すると，

$$\frac{z}{e^z-1}+\frac{z}{2}=\frac{z}{2}\frac{e^z+1}{e^z-1}$$
$$=\frac{z}{2}\frac{e^{\frac{z}{2}}+e^{-\frac{z}{2}}}{e^{\frac{z}{2}}-e^{-\frac{z}{2}}}$$
$$=\frac{z}{2}\coth\frac{z}{2}$$

ゆえに，
$$z\coth z=\frac{2z}{e^{2z}-1}+\frac{2z}{2}=\sum_{n=0}^{\infty}B_{2n}\frac{(2z)^{2n}}{(2n)!}$$
$$=\sum_{n=0}^{\infty}4^n B_{2n}\frac{z^{2n}}{(2n)!}$$

$i\coth(iz)=\cot z$ なので，
$$z\cot z=iz\coth(iz)=\sum_{n=0}^{\infty}B_{2n}\frac{(2iz)^{2n}}{(2n)!}$$
$$=\sum_{n=0}^{\infty}(-4)^n B_{2n}\frac{z^{2n}}{(2n)!}$$

# A62

$$\tan z=\cot z-2\cot(2z)$$
$$=\frac{1}{z}(z\cot z-2z\cot(2z))$$
$$=\frac{1}{z}\left\{\sum_{n=0}^{\infty}(-4)^n B_{2n}\frac{z^{2n}}{(2n)!}-\sum_{n=0}^{\infty}(-4)^n B_{2n}\frac{(2z)^{2n}}{(2n)!}\right\}$$
$$=\sum_{n=0}^{\infty}(-4)^n(1-4^n)B_{2n}\frac{z^{2n-1}}{(2n)!}$$

# Q63

## 『壁に立てた棒の包絡線』

長さ1の棒が垂直な壁を下図のように滑っています。これから得られる包絡線(棒が通る領域と,棒が通らない領域との境界線)の方程式は?

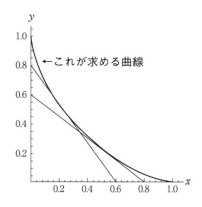

←これが求める曲線

# A63

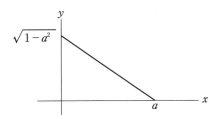

上図のように,棒の端が $(a, 0)$ にあるとき,棒の方程式は,

$$y = -\frac{\sqrt{1-a^2}}{a}x + \sqrt{1-a^2} \quad \cdots\cdots ①$$

この棒と「端が $a + \Delta a$ にあるときの棒」との交点が,$\Delta a \to 0$ で包絡線上の点となります。

この交点は,$x$ を固定するとき,$a$ の値が変わっても $y$ の値が変わらないので,$\dfrac{dy}{da} = 0$ でなければなりません。

ゆえに,$\dfrac{dy}{da} = \dfrac{x - a^3}{a^2\sqrt{1-a^2}} = 0$

$\therefore \quad a = x^{\frac{1}{3}}$

この値を①に代入して,

$y = (1 - x^{\frac{2}{3}})^{\frac{3}{2}}$

$\therefore \quad x^{\frac{2}{3}} + y^{\frac{2}{3}} = 1$

(ちなみに,この曲線はアストロイド (astroid) です。)

# Q64
## 『ヨハン・ベルヌーイの弾道曲線の包絡線』
### （1691年）

［前問のあとでは難問ではありませんが，歴史的に有名な問題ですので……。］

　大砲から砲弾を，初速 $v=1$ で，あらゆる角度で打ち上げます。このとき，すべての弾道放物線の包絡線（砲弾がけっして通らない領域の境界線）の方程式は？

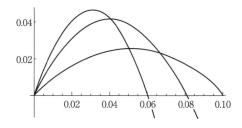

# A64

大砲の勾配を $a$ とすると，$t$ 秒後の砲弾の位置は，下図より，

$$\left(\frac{t}{\sqrt{1+a^2}},\ \frac{at}{\sqrt{1+a^2}}-\frac{1}{2}gt^2\right)\quad [g\text{は重力加速度}]$$

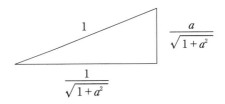

ゆえに，$y=ax-\dfrac{g}{2}(1+a^2)x^2$ ……①

$\dfrac{dy}{da}=x-agx^2$

$\dfrac{dy}{da}=0$（前問参照）より，$a=\dfrac{1}{gx}$

これを①に代入して，

$$y=\frac{1}{2g}-\frac{g}{2}x^2$$

これは放物線です。

ちなみに，焦点は原点，つまり大砲の位置（$4py=x^2$ の焦点は $(0,\ p)$ なので）。

# Q65

## 『懸垂曲線（カテナリー）の問題』

「固定された2点間に吊るされた弦（やわらかいが伸びない）は，どのような曲線を描く？」

これはヤーコプ・ベルヌーイが1690年に提示した問題で，ヤーコプ自身は解けませんでした。この問題の解は1691年に，ライプニッツ，ホイヘンス，ヨハン・ベルヌーイらによって発表されました（ただし，微分方程式と曲線の作図方法のみ）。

さて，あなたはこの曲線の方程式を導けますか？

★なお，これを解くためには物理の知識が必要なので，以下にそれを書いておきます。

下図のように，弦が壁につなげてあって，$P$ の点で弦の傾きが0のとき，$P$ には弦の重さがかからず，上への張力もかからず，$Q$ に弦の重さすべてがかかります。

また，$P$ にかかる右への力と，$Q$ にかかる左への力は同じです。

したがって，$Q$ にかかる張力を $T$ とすると，$T\sin\theta = \alpha sg$（$\alpha$ は定数，$s$ は $P$ から $Q$ までの弦の長さ，$g$ は重力加速度）

$T\cos\theta = \beta$（一定値）

∴ $\tan\theta = \dfrac{\alpha sg}{\beta} = Bs$（$B$ は定数）

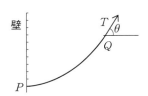

# A65

弦の水平の点から $x=a$ までの弦の長さ $s$ は，
$$s = \int_0^a \sqrt{1+f'(x)^2}\, dx$$
$f'(x)$ は弦の傾き $\tan\theta$ なので，$\tan\theta = Bs$ [前ページ] より，
$$f'(a) = Bs = B\int_0^a \sqrt{1+f'(x)^2}\, dx$$
変数 $a$ を $x$ に換え，$x$ で微分して，
$$f''(x) = B\sqrt{1+f'(x)^2}$$
$f'(x) = t$ とおくと，$\dfrac{dt}{dx} = B\sqrt{1+t^2}$

$\therefore\quad \dfrac{dx}{dt} = \dfrac{1}{B\sqrt{1+t^2}}$

両辺を $t$ で積分して，$x = \dfrac{1}{B}\ln(t+\sqrt{t^2+1})$
($x=0$ のとき $f'(x)=t=0$ なので積分定数 $C$ は $0$ )

$\therefore\quad e^{Bx} = t + \sqrt{t^2+1}$

$e^{-Bx} = \dfrac{1}{t+\sqrt{t^2+1}} = \sqrt{t^2+1} - t$

これらにより，$\dfrac{1}{2}(e^{Bx} - e^{-Bx}) = t = f'(x)$

$\therefore\quad y = f(x) = \dfrac{1}{2B}(e^{Bx} + e^{-Bx})$

(積分定数は曲線を平行移動するだけなので省略)

$x = \dfrac{X}{B}$，$y = \dfrac{Y}{B}$ を代入して，$Y = \dfrac{1}{2}(e^X + e^{-X})$

★これは，$y=\cosh x$ (161 ページ) の曲線です。

# Q66

## 『最速降下線問題』

「鉛直面内の与えられた2点をむすぶ曲線のうち，その曲線にそって質点が一方の点から降下するとき，最小の時間で他方の点に到達するものは何か」

ヨハン・ベルヌーイはこの問題をニュートンに送りました。

ニュートンはこの書簡を1697年1月27日の午後4時頃に受け取りました。そして，翌朝の午前4時までに解いてしまいました。

さて，あなたは？

★この問題を解くためには，物理の知識が必要なので，その部分のところとその後の計算を少々，以下に書いておきます。

$y$の高さを降りた物体と，その速度$v$との関係は，$gy = \dfrac{1}{2}v^2$（$g$は重力加速度）なので，$v = \sqrt{2gy}$です。

下図で，点が$A_1B$間を$v_1$，$BA_2$間を$v_2$の速度で進むとき，$A_1$から$A_2$までにかかる時間は，
$$T = \dfrac{1}{v_1}\sqrt{x^2 + d_1^{\,2}} + \dfrac{1}{v_2}\sqrt{(\ell - x)^2 + d_2^{\,2}}$$

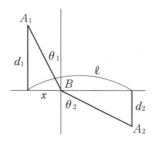

（$A_1$, $A_2$は固定，$B$は$x$の値に応じて水平に移動可）

前ページに続けて,

$$\frac{dT}{dx} = \frac{x}{v_1\sqrt{x^2+d_1^2}} - \frac{\ell-x}{v_2\sqrt{(\ell-x)^2+d_2^2}} = \frac{\sin\theta_1}{v_1} - \frac{\sin\theta_2}{v_2}$$ で,$\frac{\sin\theta_1}{v_1} = \frac{\sin\theta_2}{v_2}$ のときに $T$ は最小です。

したがって,$v$ が刻々と変化するとき,$\frac{\sin\theta}{v} = k$ ($k$ は一定値) となるように $\theta$ が変化すると最速降下します。

$$\sin\theta = kv = k\sqrt{2gy}$$

また,$\sin\theta = \dfrac{1}{\sqrt{1+\left(\dfrac{dy}{dx}\right)^2}}$

$$\therefore \left(\frac{dy}{dx}\right)^2 = \frac{1}{2gk^2y} - 1$$

$\dfrac{1}{2gk^2}$ を $2a$ とおくと,$\left(\dfrac{dy}{dx}\right)^2 = \dfrac{2a}{y} - 1$

ところで,サイクロイドは以下のように媒介変数表示できます。

$$x = a(\theta - \sin\theta),\ y = a(1-\cos\theta)$$

したがって,

$$\frac{dx}{d\theta} = a(1-\cos\theta)$$

$$\frac{dy}{d\theta} = a\sin\theta$$

$$\cos\theta = 1 - \frac{y}{a}$$

$$\therefore \left(\frac{dy}{dx}\right)^2 = \frac{\left(\dfrac{dy}{d\theta}\right)^2}{\left(\dfrac{dx}{d\theta}\right)^2} = \frac{2a-y}{y}$$

したがって,サイクロイドが最速降下線なのです。

# Q67
## 『ヨハン・ベルヌーイの定積分』

ヨハン・ベルヌーイは1697年に，以下の等式を導きました。

$$\int_0^1 x^x dx = 1 - \frac{1}{2^2} + \frac{1}{3^3} - \frac{1}{4^4} + \frac{1}{5^5} - \cdots$$

$$\int_0^1 \frac{1}{x^x} dx = 1 + \frac{1}{2^2} + \frac{1}{3^3} + \frac{1}{4^4} + \cdots$$

あなたもこれらを導くことができますか？

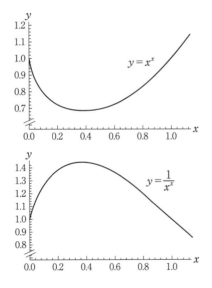

★本問は，導き方を思いつくまで，かなり時間がかかるかもしれません。解けるまで少なくとも1週間は考えてみましょう。

# A67

$x^x$ を無限級数で表わすと，

$$x^x = e^{x\ln(x)} = \sum_{n=0}^{\infty} \frac{(x\ln(x))^n}{n!} \qquad [\text{『数学＜超絶＞難問』Q67参照}]$$

$$\int_0^1 x^m \ln^n(x)\,dx = \left[\frac{1}{m+1}x^{m+1}\ln^n(x)\right]_0^1 - \int_0^1 \frac{n}{m+1}x^m \ln^{n-1}(x)\,dx$$

$$= -\frac{n}{m+1}\int_0^1 x^m \ln^{n-1}(x)\,dx$$

$$= (-1)^n \frac{n!}{(m+1)^n}\int_0^1 x^m \ln^{n-n}(x)\,dx$$

$$= (-1)^n \frac{n!}{(m+1)^{n+1}}$$

したがって，

$$\int_0^1 x^x\,dx = \sum_{n=0}^{\infty} \int_0^1 \frac{(x\ln(x))^n}{n!}\,dx = 1 - \frac{1}{2^2} + \frac{1}{3^3} - \frac{1}{4^4} + \frac{1}{5^5} - \cdots$$

$$\frac{1}{x^x} = e^{-x\ln(x)} = \sum_{n=0}^{\infty} \frac{(-x\ln(x))^n}{n!}$$

$$\int_0^1 \frac{1}{x^x}\,dx = \sum_{n=0}^{\infty} \int_0^1 \frac{(-x\ln(x))^n}{n!}\,dx = 1 + \frac{1}{2^2} + \frac{1}{3^3} + \frac{1}{4^4} + \cdots$$

# Q68
## 『正弦と余弦の無限級数展開』

$$\sin x = x - \frac{x^3}{3!} + \frac{x^5}{5!} - \frac{x^7}{7!} + \cdots$$
$$\cos x = 1 - \frac{x^2}{2!} + \frac{x^4}{4!} - \frac{x^6}{6!} + \cdots$$

　これはニュートンの正弦と余弦の無限級数展開です。ニュートンは，まず arcsin $x$ を無限級数展開し，その逆関数を求めるという（面倒な）方法で sin $x$ の無限級数展開を求め，そのあと，$\sqrt{1-\sin^2 x}$ を使って cos $x$ の無限級数展開を求めました。

　ところで，オイラーは，これらの2式を，ド・モアブルの公式を使って導くことができることを示しました（もちろん，テイラー級数展開なども使わずに，です）。その方法が単純で美しいのですが，あなたもド・モアブルの公式を使って同じように導けますか？

# A68

ド・モアブルの公式 $(\cos z \pm i \sin z)^n = \cos nz \pm i \sin nz$ より,

$$\cos nz = \frac{1}{2}\{(\cos z + i \sin z)^n + (\cos z - i \sin z)^n\}$$

$$\sin nz = \frac{1}{2i}\{(\cos z + i \sin z)^n - (\cos z - i \sin z)^n\}$$

2項定理を使って展開すると,

$$\cos nz = (\cos z)^n - \frac{n(n-1)}{2!} \cdot (\cos z)^{n-2} \cdot (\sin z)^2$$
$$+ \frac{n(n-1)(n-2)(n-3)}{4!} \cdot (\cos z)^{n-4} \cdot (\sin z)^4 - \cdots$$

$$\sin nz = n(\cos z)^{n-1}\sin z - \frac{n(n-1)(n-2)}{3!} \cdot (\cos z)^{n-3}(\sin z)^3 + \cdots$$

$nz = x$ とおくと,$z = \frac{x}{n}$ で,$\displaystyle\lim_{n \to \infty}(\cos z)^n = \lim_{n \to \infty}\left(\cos \frac{x}{n}\right)^n = 1$ 《注》

$$\lim_{n \to \infty} \frac{n(n-1)}{2!} \cdot (\cos z)^{n-2}(\sin z)^2 = \lim_{n \to \infty} \frac{n(n-1)}{2!} \cdot 1 \cdot \left(\frac{x}{n}\right)^2 = \frac{x^2}{2!}$$

$$\lim_{n \to \infty} \frac{n(n-1)(n-2)(n-3)}{4!} \cdot (\cos z)^{n-4}(\sin z)^4 = \frac{x^4}{4!}$$

等々で, 正弦と余弦の無限級数展開がそれぞれ得られます。

《注》

$n$ が十分大きいとき, $\cos \frac{x}{n} > 0$ なので,
$$\left(\cos \frac{a}{n}\right)^n = e^{n\ln\left(\cos \frac{a}{n}\right)}$$

したがって, $n \to \infty$ のとき, $n\ln\left(\cos \frac{a}{n}\right) \to 0$ を示せばよい。

$n = \frac{1}{u}$ とおくと, $n \to \infty$ のとき, $u \to 0$
$$\lim_{n \to \infty} n\ln\left(\cos \frac{a}{n}\right) = \lim_{u \to 0} \frac{\ln(\cos au)}{u}$$
分子と分母を $u$ で微分して[ロピタルの定理],
$$= \lim_{u \to 0} \frac{-a \sin au}{\cos au}$$
$$= 0$$

# Q69
## 『オイラーの多角形分割の問題』
### （1751年）

「平面上の凸多角形に対角線を引いて3角形に分割する方法は何通りある？（ただし，対角線同士は交差させない）」

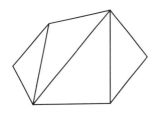

これは1751年にオイラーがゴールドバッハに出題した問題です。この問題はオイラー自身にとってもかなりてこずるものだったらしく，「かなり骨の折れるものだった」とオイラーは述べています。

さて，あなたはこの問題を解けますか？

凸 $n$ 角形の分割数を $C_n$ と書くことにします（$n \geq 3$）。

まず $n=6$ の場合を考えてみましょう。

下図太線部分を一辺とする3角形の頂点が1～4と動いていって，分割数の和は，

$C_6 = C_5$（左下図）$+ C_3 C_4$（右下図）$+ C_4 C_3 + C_5$

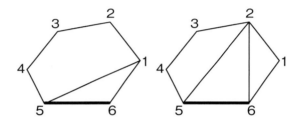

$(n+2)$ 角形の場合は，同様に，

$C_{n+2} = C_{n+1} + C_3 C_n + C_4 C_{n-1} + \cdots + C_{n+1}$

添え字の値を2つ減らし，かつ，$C_0 = 1$ とおくと，

$C_n = C_0 C_{n-1} + C_1 C_{n-2} + \cdots + C_{n-1} C_0$

これはカタラン数の漸化式です。（Q11『母関数を使ってカタラン数を』参照）

つまり，$C_n$ は添え字が2つずれたカタラン数です——初期値が一致すれば，です。

そこで，残るは，初期値のチェックです。

3角形，4角形，5角形の場合の $C_n$ を数えると，

$C_3 = 1, \quad C_4 = 2, \quad C_5 = 5$

となり，カタラン数 [$n$ 番目のカタラン数は，$\dfrac{_{2n}C_n}{n+1}$] と添え字が2つずれているだけで，値は一致しています。

したがって，

$C_n = \dfrac{_{2(n-2)}C_{(n-2)}}{(n-2)+1} = \dfrac{_{2n-4}C_{n-2}}{n-1}$

# Q70

## 『オイラーの連分数』

オイラーはさまざまな連分数を求めました。そのうちの有名な1つが以下のものです。

$$\frac{e-1}{e+1} = \cfrac{1}{2+\cfrac{1}{6+\cfrac{1}{10+\cfrac{1}{14+\cdots}}}}$$

あなたもこれを導けますか？

【ヒント】

以下のランベルト（1728-1777）の連分数（『数学＜超絶＞難問』Q73参照）を使ってもかまいません。

$$\tan x = \frac{x}{1} - \frac{x^2}{3} - \frac{x^2}{5} - \frac{x^2}{7} - \cdots$$

なお，この表記は，スペースをムダに取らないためのもので，下記の連分数を意味しています。

$$\tan x = \cfrac{x}{1-\cfrac{x^2}{3-\cfrac{x^2}{5-\cfrac{x^2}{7-\cdots}}}}$$

# A70

ランベルトの連分数により,

$$\tan ix = \frac{ix}{1} + \frac{x^2}{3} + \frac{x^2}{5} + \frac{x^2}{7} + \cdots$$

オイラーの公式,
$$\cos x = \frac{1}{2}(e^{ix} + e^{-ix})$$
$$\sin x = \frac{1}{2i}(e^{ix} - e^{-ix})$$

より,$\tan ix = i \tanh x$ [補足:$\tanh x = \dfrac{e^x - e^{-x}}{e^x + e^{-x}}$]

ゆえに,$\tanh x = \dfrac{x}{1} + \dfrac{x^2}{3} + \dfrac{x^2}{5} + \dfrac{x^2}{7} + \cdots$

$$\frac{e-1}{e+1} = \tanh \frac{1}{2}$$
$$= \cfrac{1}{2 + \cfrac{1}{6 + \cfrac{1}{10 + \cfrac{1}{14 + \cdots}}}}$$

【追記】

オイラーの連分数には下記のものもあります(導き方は『数学<超絶>難問』Q 68 参照)。美しいですね。

$$\frac{1}{e-1} = \cfrac{1}{1 + \cfrac{2}{2 + \cfrac{3}{3 + \cfrac{4}{4 + \cdots}}}}$$

# Q71

## 『オイラーの積分』

$$\int_0^{\frac{\pi}{2}} \ln(\sin x)\,dx$$

これはオイラーの技巧的な計算として有名です。
この値は？

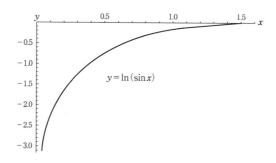

★じっくり考えて解いてしまいましょう。解けたら，オイラーと肩を並べた気分にひたれるでしょう。

# A71

$I = \int_0^{\frac{\pi}{2}} \ln(\sin x)\, dx$ とおきます。

積分変数を $x$ から $\frac{\pi}{2} - x$ に取り換えて,

$$\begin{aligned}
I &= \int_0^{\frac{\pi}{2}} \ln\left(\sin\left(\frac{\pi}{2} - x\right)\right) dx \\
&= \int_0^{\frac{\pi}{2}} \ln(\cos x)\, dx \\
2I &= \int_0^{\frac{\pi}{2}} \{\ln(\sin x) + \ln(\cos x)\}\, dx \\
&= \int_0^{\frac{\pi}{2}} \ln(\sin x \cos x)\, dx \\
&= \int_0^{\frac{\pi}{2}} \ln\left(\frac{1}{2}\sin 2x\right) dx \\
&= -\frac{\pi}{2}\ln 2 + \int_0^{\frac{\pi}{2}} \ln(\sin 2x)\, dx
\end{aligned}$$

積分変数を $x$ から $\frac{x}{2}$ に取り換えて,

$$\begin{aligned}
&= -\frac{\pi}{2}\ln 2 + \frac{1}{2}\int_0^{\pi} \ln(\sin x)\, dx \\
&= -\frac{\pi}{2}\ln 2 + I
\end{aligned}$$

したがって, $I = -\frac{\pi}{2}\ln 2$

# Q72
## 『オイラーの定理 $\int_0^\infty \dfrac{\sin x}{x} dx = \dfrac{\pi}{2}$』

$\int_0^\infty \dfrac{\sin x}{x} dx = \dfrac{\pi}{2}$

これはオイラーの定理とよばれています。

オイラーはこれも技巧的な計算で導いたのですが，あなたはこれを証明できますか？

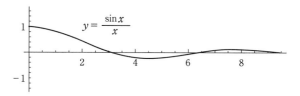

★本問を自力で解けたら，天才中の天才でしょうね。

# A72

$$g(y) = \int_0^\infty e^{-xy}\frac{\sin x}{x}dx \qquad (y \geq 0)$$

と定義します。

$y$ で微分して,

$$\frac{dg}{dy} = \int_0^\infty \frac{d}{dy}\left(e^{-xy}\frac{\sin x}{x}\right)dx = \int_0^\infty -xe^{-xy}\frac{\sin x}{x}dx$$

$$= -\int_0^\infty e^{-xy}\sin x\, dx$$

部分積分を 2 回行なって,$\dfrac{dg}{dy} = -\dfrac{1}{1+y^2}$

両辺を積分して,

$$g(y) = C - \arctan y \quad 《注》$$

$g(\infty) = 0$ なので,

$$0 = C - \arctan \infty = C - \frac{\pi}{2}$$
$$\therefore \quad C = \frac{\pi}{2}$$

ゆえに,

$$g(y) = \int_0^\infty e^{-xy}\frac{\sin x}{x}dx = \frac{\pi}{2} - \arctan y$$

$y = 0$ とおくと,$\arctan 0 = 0$ より,

$$\int_0^\infty \frac{\sin x}{x}dx = \frac{\pi}{2}$$

《注》

$\tan x = y$ であるとき,
$$\frac{dx}{dy} = \cos^2 x = \frac{1}{1+\tan^2 x} = \frac{1}{1+y^2}$$

$\tan x = y \Leftrightarrow \arctan y = x$ なので,

$$(\arctan y)' = \frac{1}{1+y^2}$$

# Q73

## 『オイラーのガンマ関数』

オイラーは $n!$ の $n$ を実数（のみならず複素数）に拡張するために，

$$\Gamma(x) = \int_0^\infty \boxed{\phantom{XXXX}} \, dt$$

の形で定義するガンマ関数を考案しました。

さて，その関数は何？
——と出題したら，難しすぎますね。

本ページ下に，その関数を書きますので，それと $n!$ の関係（どのような関係があるか）を示してください。

もちろん，自力でその関数（かそれに類したもの）を考案したいのなら，下を見ないように注意してください。

◆オイラーは，$\Gamma(x) = \int_0^\infty t^{x-1} e^{-t} dt$ としました。

183

# A73

$\Gamma(x) = \int_0^\infty t^{x-1} e^{-t} dt$ とおきます。

このとき，$\Gamma(1) = \int_0^\infty e^{-t} dt = [-e^{-t}]_0^\infty = 1$

ここで，以下の部分積分を行ないます。

$$\int_0^b e^{-t} t^x dt = [-e^{-t} t^x]_0^b + x \int_0^b e^{-t} t^{x-1} dt$$
$$= -e^{-b} b^x + x \int_0^b e^{-t} t^{x-1} dt$$

両辺で $b \to \infty$ として，

$\Gamma(x+1) = x \Gamma(x)$

したがって，

$$\begin{aligned}\Gamma(n+1) &= n \Gamma(n) \\ &= n(n-1) \Gamma(n-1) \\ &= n(n-1) \cdot \cdots \cdot 2 \cdot 1 \cdot \Gamma(1) \\ &= n!\end{aligned}$$

《参考》

$\Gamma(1) = 1$ なので，$0! = 1$ となります。

# Q74

## 『オイラーのベータ関数』

以下のように定義される関数を，オイラーのベータ関数とよびます。

$$B(x, y) = \int_0^1 t^{x-1}(1-t)^{y-1} dt \qquad [x>0, \ y>0]$$

ベータ関数をガンマ関数で表現し，それを使って$\Gamma\left(\dfrac{1}{2}\right)$の値［つまり，$\left(-\dfrac{1}{2}\right)!$の値］を求めてみましょう。

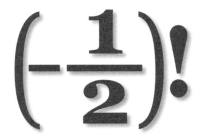

# A74

部分積分により,
$$B(p+1,\ q) = \frac{p}{q}\int_0^1 t^{p-1}(1-t)^q dt$$
$$= \frac{p}{q} B(p,\ q+1)$$
$$B(m,\ n) = \frac{m-1}{n} \cdot B(m-1,\ n+1)$$
$$= \frac{m-1}{n} \cdot \frac{m-2}{n+1} \cdot B(m-2,\ n+2)$$
$$= \frac{m-1}{n} \cdot \frac{m-2}{n+1} \cdot \cdots \cdot \frac{1}{m+n-2} \cdot B(1,\ m+n-1)$$
$$= \frac{(m-1)!(n-1)!}{(m+n-2)!} \int_0^1 t^{m+n-2} dt$$
$$= \frac{(m-1)!(n-1)!}{(m+n-1)!}$$
$$= \frac{\Gamma(m)\Gamma(n)}{\Gamma(m+n)}$$

$x>0$ のとき, $x^{-\frac{1}{2}} e^{-x} > 0$ なので, $\Gamma\left(\frac{1}{2}\right) > 0$

$$\left\{\Gamma\left(\frac{1}{2}\right)\right\}^2 = \Gamma(1) B\left(\frac{1}{2},\ \frac{1}{2}\right)$$
$$= \int_0^1 \frac{1}{\sqrt{x(1-x)}} dx$$

$x = \sin^2\theta$ とおくと, $dx = 2\sin\theta\cos\theta\ d\theta$ で,
$$= \int_0^{\frac{\pi}{2}} \frac{2\sin\theta\cos\theta}{\sin\theta\cos\theta} d\theta = \pi$$
$$\therefore\ \Gamma\left(\frac{1}{2}\right) = \sqrt{\pi}$$

★巻末に追記があります。

# Q75
## 『ベータ関数のちょっとした利用方法』

ベータ関数を利用して以下の2つの積分の値をそれぞれ求めてみましょう。

$$\int_0^{\frac{\pi}{2}} \sin^8\theta \, d\theta$$

$$\int_0^{\frac{\pi}{2}} \sin^8\theta \, \cos^2\theta \, d\theta$$

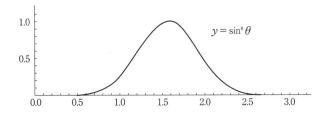

$y = \sin^8\theta$

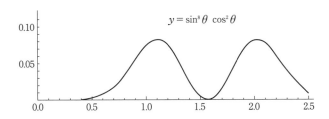

$y = \sin^8\theta \, \cos^2\theta$

# A75

$$t^{x-1}(1-t)^{y-1} = (\sqrt{t})^{2x-2}(\sqrt{1-t})^{2y-2}$$

$t = \sin^2\theta$ とおくと,$dt = 2\sin\theta\cos\theta\, d\theta$ で,

$$B(x, y) = \int_0^1 t^{x-1}(1-t)^{y-1}dt$$

$$= \int_0^{\frac{\pi}{2}} \sin^{2x-2}(\theta)\cos^{2y-2}(\theta) \cdot 2\sin\theta\cos\theta\, d\theta$$

$$= 2\int_0^{\frac{\pi}{2}} \sin^{2x-1}\theta \cos^{2y-1}\theta\, d\theta$$

$$\int_0^{\frac{\pi}{2}} \sin^8\theta\, d\theta = \frac{1}{2} B\left(\frac{9}{2},\ \frac{1}{2}\right)$$

$$= \frac{1}{2} \frac{\Gamma\left(\frac{9}{2}\right)\Gamma\left(\frac{1}{2}\right)}{\Gamma(5)}$$

$$= \frac{35\pi}{256}$$

(なぜなら,$\Gamma(5) = 4!$,$\Gamma\left(\frac{9}{2}\right) = \left(\frac{7}{2}\right)\left(\frac{5}{2}\right)\left(\frac{3}{2}\right)\left(\frac{1}{2}\right)\cdot\Gamma\left(\frac{1}{2}\right)$,$\Gamma\left(\frac{1}{2}\right) = \sqrt{\pi}$)

$$\int_0^{\frac{\pi}{2}} \sin^8\theta \cos^2\theta\, d\theta = \frac{1}{2} B\left(\frac{9}{2},\ \frac{3}{2}\right)$$

$$= \frac{1}{2} \frac{\Gamma\left(\frac{9}{2}\right)\Gamma\left(\frac{3}{2}\right)}{\Gamma(6)}$$

$$= \frac{7\pi}{512}$$

# Q76

## 『楕円の周の長さ』(楕円積分)

下図の横長の楕円の式は,

$$x^2 + \frac{y^2}{b^2} = 1 \quad (0<b<1)$$

これは，別表記では,

$$x = \cos t, \quad y = b \sin t$$

です。

さて，この楕円の周長を，あなたは無限級数で表わせますか？

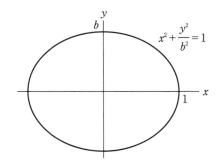

★本書をここまで読んできた読者には，本問は意外に簡単で，1日〜1週間くらいで解けるのではないかと思います。解けるまで，少なくとも1週間は考えてみましょう。

# A76

$dx = -\sin t\, dt$, $dy = b\cos t\, dt$ なので，周の長さは，

$$P = 4\int_0^{\frac{\pi}{2}} \sqrt{\sin^2 t + b^2\cos^2 t}\, dt$$
$$= 4\int_0^{\frac{\pi}{2}} \sqrt{1-(1-b^2)\cos^2 t}\, dt$$

ここで，$\alpha = 1-b^2$ とおきます。$[0 < \alpha < 1]$

$\sqrt{1-x}$ を2項定理で展開すると，

$$1 - \frac{1}{2}x - \frac{1}{2\cdot 4}x^2 - \frac{1\cdot 3}{2\cdot 4\cdot 6}x^3 - \frac{1\cdot 3\cdot 5}{2\cdot 4\cdot 6\cdot 8}x^4 - \cdots$$

したがって，
$$P = 4\int_0^{\frac{\pi}{2}}\left(1 - \frac{1}{2}\alpha\cos^2 t - \frac{1}{2\cdot 4}\alpha^2\cos^4 t - \cdots\right)dt$$

$$\int_0^{\frac{\pi}{2}}\cos^{2n}t\, dt = \int_0^{\frac{\pi}{2}}\sin^{2n}t\, dt$$
$$= \frac{1}{2}B\left(\frac{2n+1}{2}, \frac{1}{2}\right) \quad [Q75参照]$$
$$= \frac{1}{2}\frac{\Gamma\left(\frac{2n+1}{2}\right)\Gamma\left(\frac{1}{2}\right)}{\Gamma(n+1)}$$
$$= \frac{\pi}{2}\frac{1\cdot 3\cdot 5\cdots(2n-1)}{2\cdot 4\cdot 6\cdots(2n)}$$

したがって，

$$P = 2\pi\left(1 - \alpha\frac{1}{2}\cdot\frac{1}{2} - \alpha^2\frac{1}{2\cdot 4}\cdot\frac{1\cdot 3}{2\cdot 4} - \alpha^3\frac{1\cdot 3}{2\cdot 4\cdot 6}\cdot\frac{1\cdot 3\cdot 5}{2\cdot 4\cdot 6} - \cdots\right)$$

# Q77
## 『未解決問題にちょっとだけ似ている問題』

$$\sum_{k=1}^{\infty} \frac{1}{k^3} = 1 + \frac{1}{2^3} + \frac{1}{3^3} + \frac{1}{4^3} + \cdots$$

この値が何であるかは現代でも未解決の問題です。

また，これのみならず，$\sum_{k=1}^{\infty} \frac{1}{k^n}$ の値は，$n$ が 3 以上の奇数の場合，どれもわかっていません。なお，$n$ が正の偶数の場合の値は，オイラーが示しています（次問）。

さて，オイラーですら上記冒頭の値を求めることはできなかったのですが，それにちょっとだけ似ている以下の無限級数の値を求めることはできました。

あなたは求めることができますか？

$$1 - \frac{1}{3^3} + \frac{1}{5^3} - \frac{1}{7^3} + \cdots$$

$$1 - \frac{1}{3^5} + \frac{1}{5^5} - \frac{1}{7^5} + \cdots$$

# A77

$\sin x = x\left(1 - \dfrac{x^2}{\pi^2}\right)\left(1 - \dfrac{x^2}{(2\pi)^2}\right)\left(1 - \dfrac{x^2}{(3\pi)^2}\right)\cdots$ ［オイラーがバーゼル問題を解くために使った式，『数学＜超絶＞難問』Q 76 参照］を使います。

両辺とも対数をとってから微分し，
$$\cot x = \dfrac{1}{x} + \sum_{n=1}^{\infty}\left(\dfrac{1}{x-n\pi} + \dfrac{1}{x+n\pi}\right) \cdots\cdots ①$$

$$\begin{aligned}\dfrac{\cos x}{1-\sin x} &= \cot\left(\dfrac{\pi}{4} - \dfrac{x}{2}\right) \\ &= -2\left(\dfrac{1}{x-\dfrac{\pi}{2}} + \dfrac{1}{x+\dfrac{3\pi}{2}} + \dfrac{1}{x-\dfrac{5\pi}{2}} + \dfrac{1}{x+\dfrac{7\pi}{2}} + \cdots\right)\end{aligned}$$
［①より］

右辺の各項を無限級数展開し（単に割り算すれば求められます），$x$ の同じべき乗ごとにまとめると，

$$\begin{aligned}\dfrac{\cos x}{1-\sin x} =& \dfrac{4}{\pi}\left(1 - \dfrac{1}{3} + \dfrac{1}{5} - \dfrac{1}{7} + \cdots\right) \\ &+ \dfrac{8x}{\pi^2}\left(1 + \dfrac{1}{3^2} + \dfrac{1}{5^2} + \cdots\right) \\ &+ \dfrac{16x^2}{\pi^3}\left(1 - \dfrac{1}{3^3} + \dfrac{1}{5^3} - \dfrac{1}{7^3} + \cdots\right) \\ &+ \dfrac{32x^3}{\pi^4}\left(1 + \dfrac{1}{3^4} + \dfrac{1}{5^4} + \cdots\right) \\ &+ \dfrac{64x^4}{\pi^5}\left(1 - \dfrac{1}{3^5} + \dfrac{1}{5^5} - \dfrac{1}{7^5} + \cdots\right) \\ &+ \dfrac{128x^5}{\pi^6}\left(1 + \dfrac{1}{3^6} + \dfrac{1}{5^6} + \cdots\right) + \cdots\end{aligned}$$

ところで，
$$\cos x = 1 - \dfrac{x^2}{2!} + \dfrac{x^4}{4!} - \dfrac{x^6}{6!} + \cdots$$
$$\sin x = x - \dfrac{x^3}{3!} + \dfrac{x^5}{5!} - \dfrac{x^7}{7!} + \cdots \quad ［Q68参照］$$

なので，これらで $\dfrac{\cos x}{1-\sin x}$ の割り算をして，
$$\dfrac{\cos x}{1-\sin x} = 1 + x + \dfrac{x^2}{2} + \dfrac{x^2}{3} + \dfrac{5}{24}x^4 + \dfrac{2}{15}x^5 + \cdots$$

$x^2$ の項の係数比較により,

$$\frac{1}{2} = \frac{16}{\pi^3}\left(1 - \frac{1}{3^3} + \frac{1}{5^3} - \frac{1}{7^3} + \cdots\right)$$

$$\therefore \quad 1 - \frac{1}{3^3} + \frac{1}{5^3} - \frac{1}{7^3} + \cdots = \frac{\pi^3}{32}$$

また, $x^4$ の項の係数比較により,

$$\frac{5}{24} = \frac{64}{\pi^5}\left(1 - \frac{1}{3^5} + \frac{1}{5^5} - \frac{1}{7^5} + \cdots\right)$$

$$\therefore \quad 1 - \frac{1}{3^5} + \frac{1}{5^5} - \frac{1}{7^5} + \cdots = \frac{5\pi^5}{1536}$$

**コラム**

## 『オイラー積』

ゼータ関数 $\zeta(s)$ [つまり, $\sum_{n=1}^{\infty} \frac{1}{n^s}$] に関しては,以下のオイラー積(1737年)がことのほか有名です。

$$\zeta(s) = \left[\prod_{n=1}^{\infty}(1-p_n^{-s})\right]^{-1}$$

この式中の $p_n$ は $n$ 番目の素数を意味します。つまり,上式は下式の意です。

$$\zeta(s) = \frac{1}{\left(1-\frac{1}{2^s}\right)\left(1-\frac{1}{3^s}\right)\left(1-\frac{1}{5^s}\right)\left(1-\frac{1}{7^s}\right)\cdots}$$

この式は下のようにして導くことができます(自力で導きたい人は,下を見ないように注意してください)。

$$\zeta(s)(1-2^{-s}) = \left(1+\frac{1}{2^s}+\frac{1}{3^s}+\cdots\right)\left(1-\frac{1}{2^s}\right)$$
$$= \left(1+\frac{1}{2^s}+\frac{1}{3^s}+\cdots\right) - \left(\frac{1}{2^s}+\frac{1}{4^s}+\frac{1}{6^s}+\cdots\right)$$
$$= 1+\frac{1}{3^s}+\frac{1}{5^s}+\frac{1}{7^s}+\cdots$$

$$\zeta(s)(1-2^{-s})(1-3^{-s}) = \left(1+\frac{1}{3^s}+\frac{1}{5^s}+\frac{1}{7^s}+\cdots\right)$$
$$- \left(\frac{1}{3^s}+\frac{1}{9^s}+\frac{1}{15^s}+\cdots\right)$$

$$\zeta(s)(1-2^{-s})(1-3^{-s})\cdots(1-p_n^{-s})\cdots = 1$$

$$\therefore \quad \zeta(s) = \left[\prod_{n=1}^{\infty}(1-p_n^{-s})\right]^{-1}$$

## Q78

$$\left\lceil \sum_{k=1}^{\infty} \frac{1}{k^{2n}} = 1 + \frac{1}{2^{2n}} + \frac{1}{3^{2n}} + \frac{1}{4^{2n}} + \cdots \right\rfloor$$

オイラーは正の偶数 $2n$ に対する以下の無限級数の値を示しました（1750年）。

$$\sum_{k=1}^{\infty} \frac{1}{k^{2n}} = 1 + \frac{1}{2^{2n}} + \frac{1}{3^{2n}} + \frac{1}{4^{2n}} + \cdots$$

さて，この値は？

★解けるまで数年は考え続けたい問題ですね。

# A78

前問解説の①より，
$$\cot x = \frac{1}{x} + \sum_{n=1}^{\infty} \frac{2x}{x^2 - n^2\pi^2}$$
$$= \frac{1}{x} - 2x\sum_{n=1}^{\infty} \left(\frac{1}{n^2\pi^2} + \frac{x^2}{n^4\pi^4} + \frac{x^4}{n^6\pi^6} + \cdots\right)$$

一方，$\cot x$ の無限級数展開［初等的には，$\cos x$ の無限級数を $\sin x$ の無限級数で割れば得られます］は，

$$\cot x = \frac{1}{x} - \frac{x}{3} - \frac{x^3}{45} - \frac{2x^5}{945} - \frac{x^7}{4725} - \frac{2x^9}{93555} - \cdots$$

たとえば，$x^3$ の項の係数を比較すると，

$$-\frac{1}{45} = -\frac{2}{\pi^4}\left(1 + \frac{1}{2^4} + \frac{1}{3^4} + \cdots\right)$$

$$\therefore \quad 1 + \frac{1}{2^4} + \frac{1}{3^4} + \cdots = \frac{\pi^4}{90}$$

またたとえば，$x^5$ の項の係数を比較すると，

$$-\frac{2}{945} = -\frac{2}{\pi^6}\left(1 + \frac{1}{2^6} + \frac{1}{3^6} + \cdots\right)$$

$$\therefore \quad 1 + \frac{1}{2^6} + \frac{1}{3^6} + \cdots = \frac{\pi^6}{945}$$

——といった具合です。つまり，$\sum_{k=1}^{\infty} \frac{1}{k^{2n}}$ の値は，$\cot x$ の無限級数展開の $x^{2n-1}$ の係数に $-\frac{\pi^{2n}}{2}$ をかければ得られるのです。

したがって，この値は，ベルヌーイ数を使って以下のように表わせます。［Q61と62『$z \cot z$ と $\tan z$ とベルヌーイ数』参照］

$$\sum_{k=1}^{\infty} \frac{1}{k^{2n}} = (-1)^{n-1} \frac{2^{2n-1}\pi^{2n} B_{2n}}{(2n)!}$$

## Q79
### 『sin $x$=0 は複素根を持たない』
（オイラー）

sin $x$=0 が実根のみなら「Q77『未解決問題にちょっとだけ似ている問題』の解説1行目」の等式

$$\sin x = x\left(1-\frac{x^2}{\pi^2}\right)\left(1-\frac{x^2}{(2\pi)^2}\right)\left(1-\frac{x^2}{(3\pi)^2}\right)\cdots$$

が成り立つのは直観的にわかりますね。

ところで，この等式が成り立つためには，sin $x$=0 が複素根を持たないことの証明が必要（「sin $x$=0 には複素根があるのでは？」という疑問は実際，ダニエル・ベルヌーイが述べました）なので，オイラーはその証明もしました。

さて，どのように証明したらいいのでしょう？

★なお，ほとんどの読者は，方針がまったく立たないでしょうから，ヒントを下に書いておきます。完全に自力で解きたい人は，そこを見ないように注意してください。

［ヒント］

$e^{ix} = \cos x + i \sin x$

これはオイラーの公式です。また，これを使って導ける下2式もオイラーの公式です（既に2度ほど書いてありますが）。

$$\cos x = \frac{e^{ix}+e^{-ix}}{2}$$
$$\sin x = \frac{e^{ix}-e^{-ix}}{2i}$$

# A79

$P_n(x) = \dfrac{1}{2i}\left\{\left(1+\dfrac{ix}{n}\right)^n - \left(1-\dfrac{ix}{n}\right)^n\right\}$ とおきます。

$\sin x = \dfrac{e^{ix}-e^{-ix}}{2i} = \lim_{n\to\infty} P_n(x)$

$P_n(x)=0$ の根を $n$ で表わし，$n\to\infty$ とすれば，$\sin x = 0$ の根がすべて得られます。

$P_n(x)=0$ のときは，

$\left(1+\dfrac{ix}{n}\right)^n = \left(1-\dfrac{ix}{n}\right)^n$

$1+\dfrac{ix}{n} = e^{2k\pi i/n}\left(1-\dfrac{ix}{n}\right)$

$x = \dfrac{n}{i}\cdot\dfrac{e^{k\pi i/n}-e^{-k\pi i/n}}{e^{k\pi i/n}+e^{-k\pi i/n}} = n\tan\left(\dfrac{k\pi}{n}\right)$

$\lim_{n\to\infty} n\tan\left(\dfrac{k\pi}{n}\right) = k\pi$ ($k$ は任意の整数)

したがって，$\sin x = \lim_{n\to\infty} P_n(x) = 0$ は複素根を持ちません。

# Q80
## 『ガウス積分』

$y = Ae^{-kx^2}$ を正規曲線（ガウス曲線）とよびます。

さて、$A=1$, $k=1$ のときの以下の積分をあなたは計算できますか？

$$\int_0^\infty e^{-x^2} dx$$

この見慣れない形を見て思考が止まってしまわなければ，**これまでのページを見てきた人には**それほど難しい問題ではありませんが……。

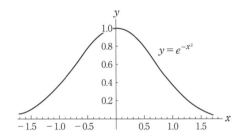

$x^2 = t$ とおけば,$2x\,dx = dt$ で,

$$\int_0^\infty e^{-x^2}dx = \int_0^\infty \frac{e^{-t}}{2\sqrt{t}}dt$$
$$= \frac{1}{2}\int_0^\infty t^{\frac{1}{2}-1}e^{-t}dt$$
$$= \frac{1}{2}\Gamma\left(\frac{1}{2}\right)$$
$$= \frac{\sqrt{\pi}}{2}$$

《参考》

$y = \dfrac{1}{\sqrt{2\pi}}e^{-\frac{x^2}{2}}$ は標準正規分布の曲線で,

$\displaystyle\int_{-\infty}^{\infty}\dfrac{1}{\sqrt{2\pi}}e^{-\frac{x^2}{2}}dx = 1$ となります。

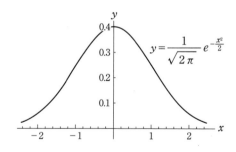

# Q81
## 『ラプラスの継起の法則』
(rule of succession)

魚がたくさんいる巨大な湖があります（鮎も他の魚もたくさんいるとみなします。つまり，どんな魚を1匹釣っても，次に釣れる魚の確率は変化しないとみなします）。

釣った魚7匹のうちで，鮎は3匹でした。

その湖の鮎の割合はまったく不明で，どの割合でいるかの確率はどの値も同等とみなします。

この場合，8匹目を釣ったら，それが鮎である確率は？

また，$n$匹釣った場合に鮎が$m$匹だったなら，次に鮎が釣れる確率は？

\* Pierre-Simon Laplace, 1749 – 1827

# A81

Q41 等と原理は同じで，計算を連続量に変えるだけです。

まず，分母にあたる部分の値を求めます。

確率 $x$ である現象が 7 回中 3 回起こる確率は，$\binom{7}{3}x^3(1-x)^{7-3}$

$x$ の値として，さまざまな可能性があり，そのどの値である可能性も同じであるとすると，この値の平均値は，

$$\int_0^1 \binom{7}{3}x^3(1-x)^{7-3}dx$$

で得られます。この積分を計算すると，$\dfrac{1}{7+1}$

【なぜなら，$\int_0^1 x^3(1-x)^{7-3}dx = \dfrac{3!4!}{(7+1)!}$ 〔Q74『オイラーのベータ関数』参照〕】

これは，「7 匹中 3 匹だったという現象は，$\dfrac{1}{8}$ の確率の出来事であること」を示します——7 匹中何匹であろうと確率は同じ，と仮定しているので，7 匹中 3 匹であろうと 0 匹であろうと 7 匹であろうと確率は（0～7 のどれかなので）どれも $\dfrac{1}{8}$ となるのは当然ですね。

次に，分子にあたる部分の値を求めます。これは，

$$p\binom{7}{3}p^3(1-p)^{7-3}$$

で，$p$ の値としてさまざまな可能性があり，そのどの値であるかの可能性も同じとするので，平均値は，

$$\int_0^1 p\binom{7}{3}p^3(1-p)^{7-3}dp = \dfrac{3+1}{(7+2)(7+1)}$$

したがって，$\dfrac{分子}{分母} = \dfrac{3+1}{7+2} = \dfrac{4}{9}$

これが鮎の割合の推定値で，次に鮎が釣れる確率です。

$n$ 匹釣って，そのうちで鮎が $m$ 匹だったなら，次に鮎が釣れる確率は，同様に計算して，$\dfrac{m+1}{n+2}$ となります。

## 巻末補足

《おまけの問題・1》『等面4面体』(基本レベルの難問) の答え

右図より,
$$a^2 + b^2 = x^2$$
$$a^2 + c^2 = y^2$$
$$b^2 + c^2 = z^2$$

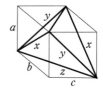

したがって,
$$a^2 = \frac{1}{2}(x^2 + y^2 - z^2)$$
$$b^2 = \frac{1}{2}(x^2 + z^2 - y^2)$$
$$c^2 = \frac{1}{2}(y^2 + z^2 - x^2)$$

直方体から $V$ の等面4面体を取り除いた残りの4つの4面体の体積は,どれも $\frac{abc}{6}$ なので,

$$V = abc - 4 \cdot \frac{abc}{6}$$
$$= \frac{abc}{3}$$
$$= \frac{1}{3}\sqrt{\frac{1}{8}(x^2+y^2-z^2)(x^2+z^2-y^2)(y^2+z^2-x^2)}$$

$y = 2-x$, $z = 1$ を代入し,

$$V = \frac{1}{6\sqrt{2}} \cdot \sqrt{(x^2+(2-x)^2-1)(x^2+1-(2-x)^2)((2-x)^2+1-x^2)}$$
$$= \frac{1}{6\sqrt{2}} \cdot \sqrt{-32(x^2-2x)^2 - 78(x^2-2x) - 45}$$
$$= \frac{1}{6\sqrt{2}} \cdot \sqrt{-32\left((x^2-2x)+\frac{39}{32}\right)^2 + \frac{81}{32}}$$
$$= \frac{1}{6\sqrt{2}} \cdot \sqrt{-32\left((x-1)^2+\frac{7}{32}\right)^2 + \frac{81}{32}}$$

$V$ の値が最大となるのは,$(x-1)^2 + \frac{7}{32}$ が最小のとき,すなわち,$x = 1$ のとき。

## 巻末補足

### 《A53 の追記》

これ（A 53 の，$e^{e^x-1}$）を無限級数展開すると，

$$1+x+x^2+\frac{5x^3}{6}+\frac{5x^4}{8}+\frac{13x^5}{30}+\frac{203x^6}{720}+\cdots$$

となります。

これを使って，Q 51 で求めた値をチェックしてみましょう。

$$\frac{b_5}{5!}=\frac{13}{30} \quad \therefore b_5=52$$

$$\frac{b_6}{6!}=\frac{203}{720} \quad \therefore b_6=203$$

と，無事一致していますね。


### 《A74 の追記》

もちろん，本書をここまで読んだ人は，$\Gamma\left(\frac{1}{2}\right)$ をもっと簡単に求めることができますね。

$\Gamma(n+1)=n\Gamma(n)$ なので，$\Gamma\left(\frac{3}{2}\right)=\left(\frac{1}{2}\right)\Gamma\left(\frac{1}{2}\right)$

$\Gamma\left(\frac{3}{2}\right)=\left(\frac{1}{2}\right)!=\frac{\sqrt{\pi}}{2}$ ［Q 55 より］

したがって，$\Gamma\left(\frac{1}{2}\right)=\sqrt{\pi}$

## 巻末補足

### 《おまけの問題・9》『待ち時間のパラドクス』の答え

ランダムに来る 2 つのバスのうち，まず 1 つが $a$ 分に，その次が $b$ 分（$a \leq b$）に到着する場合，人の待ち時間の期待値は下図のアミ部の面積を底辺の長さで割った値なので，

$$\frac{1}{60}\{a^2+(b-a)^2+(30-b)^2\}$$

《ちなみに，これを変形すると，$\dfrac{1}{30}\left\{\left(b-\dfrac{a+30}{2}\right)^2+\dfrac{3}{4}(a-10)^2+150\right\}$ なので，$a=10$ かつ $b=\dfrac{a+30}{2}$ （したがって $b=20$）のときに，この値は最小（5 分）。》

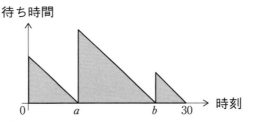

まず，$a$ を固定し，$b$ が $a$ から 30 まで変化する際の待ち時間の期待値（平均値）は，

$$\frac{1}{30-a} \cdot \int_a^{30} \frac{1}{60}\{a^2+(b-a)^2+(30-b)^2\}\,db$$
$$=\frac{1}{36}(a^2-24a+360)$$

ゆえに，$a$ が 0 から 30 まで変化するときの待ち時間の期待値（これが求める答え）は，

$$\frac{1}{30} \cdot \int_0^{30} \frac{1}{36}(a^2-24a+360)\,da$$
$$=\frac{25}{3}$$

## 小野田博一（おのだ　ひろかず）

東京大学医学部保健学科卒業。同大学院博士課程単位取得。大学院のときに2年間、東京栄養食糧専門学校で講師を務める。日本経済新聞社データバンク局に約6年勤務。ICCF（国際通信チェス連盟）インターナショナル・マスター。著書に『論理的な作文・小論文を書く方法』『論理思考力を鍛える本』『数学＜超絶＞難問』『古典数学の難問101』（以上、日本実業出版社）、『13歳からの論理ノート』『13歳からの勉強ノート』『数学難問BEST100』『13歳からの算数・数学が得意になるコツ』（以上、PHP研究所）、『超絶難問論理パズル』『人工知能はいかにして強くなるのか？』（以上、講談社）などがある。

### 数学〈超・超絶〉難問

2017年8月10日　初版発行

著　者　小野田博一　©H. Onoda 2017
発行者　吉田啓二
発行所　株式会社 日本実業出版社　東京都新宿区市谷本村町3-29　〒162-0845
　　　　　　　　　　　　　　　　　大阪市北区西天満6-8-1　〒530-0047
　　　　編集部　☎03-3268-5651
　　　　営業部　☎03-3268-5161　振替 00170-1-25349
　　　　　　　　　　　　　　　　http://www.njg.co.jp/

印刷／壮光舎　　製本／若林製本

この本の内容についてのお問合せは、書面かFAX（03-3268-0832）にてお願い致します。
落丁・乱丁本は、送料小社負担にて、お取り替え致します。

ISBN 978-4-534-05516-3　Printed in JAPAN

## 日本実業出版社の本

### 時代を超えて天才の頭脳に挑戦！
# 数学＜超絶＞難問

小野田　博一
定価 本体 1500円（税別）

アルキメデスの幾何、ライプニッツやベルヌーイも解けなかった問題など、普通の数学パズルでは物足りない"数学マニアの卵"やパズルファン向けの数学の難問を満載しました。

### 歴史上の数学者に挑む
# 古典数学の難問101

小野田　博一
定価 本体 1500円（税別）

「大得意というわけではなかったけれど、数学は好き」という人は少なくありません。そんな人向けに、幾何、三角関数、微積分など、解いて楽しい"手頃な難問"を集めた一冊。

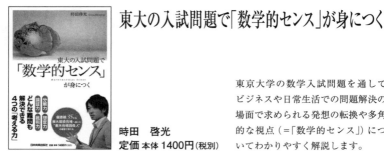

# 東大の入試問題で「数学的センス」が身につく

時田　啓光
定価 本体 1400円（税別）

東京大学の数学入試問題を通して、ビジネスや日常生活での問題解決の場面で求められる発想の転換や多角的な視点（＝「数学的センス」）についてわかりやすく解説します。

定価変更の場合はご了承ください。